자 [illegible] 행

인지 기술 / [illegible] 기술 / 검증 기술

자동차공학

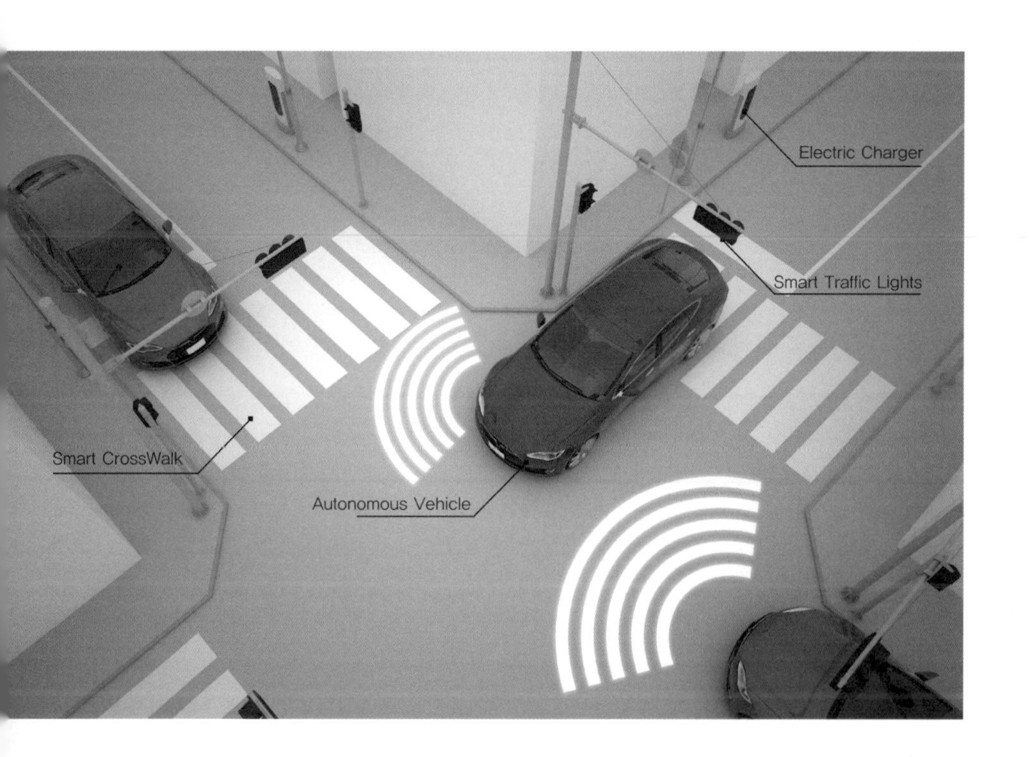

Preface

1800년대 후반 내연기관이 개발된 후 130여 년이 흐른 오늘날 자동차 산업은 가장 큰 변혁기를 맞고 있다. 사람과 물류의 공간 이동의 패러다임의 변화를 주도하고 있는 자율주행 기술의 출현 때문이다.

미래의 '탈것' 형식은 공간 이동을 위해 바퀴, 다리, 날개와 프로펠러가 기구적으로 공존하는 시스템이 될 것이다. 이런 다양한 이동체가 안전적이고 효율적으로 운영되기 위한 핵심 기술이 바로 「자율주행자동차」이다.

자율주행 기술의 경우 완성차 기업들은 내연 기관 동력원 중심의 최고급 세그먼트 차량에 적용하고 있으며, 새롭게 자동차 산업으로 진입한 기업들은 전기 에너지 동력원을 사용하는 차량에 적용하고 있다.

자율주행 기술이 적용되기 위해서는 다양한 이종의 센서들이 복수 개로 사용되어야 하며, 고성능의 산업용 제어기가 사용되는 만큼 2~3 (kW) 이상의 전력 소모가 발생하게 된다.

자율주행자동차를 이용하는 탑승자에게 쾌적한 승차감과 다양한 컨텐츠를 집중도 있게 전달 가능하기 위해서는 소음 · 진동이 낮은 전기자동차가 적합할 것이다.

현재 자율주행 모드로 핸드오프(Handoff)를 허용하며 주행이 가능한 자율주행 3단계의 주행 속도는 60~80 (km/h) 수준에 그치고 있다.

자율주행 기술이 운전 부하를 경감하고, 사고를 회피하는 등의 안전과 편의를 제공해주지만 차량 안에서의 지루한 탑승 시간은 아직까지 해결하지 못하는 수준이다.

이 책의 편성은 현재 자율주행차에 적용 가능한 센서, 제어 알고리즘, 자율주행 상태 및 기타 고려 사항에 대한 내용을 함축하면서, **1장**에서는 3가지 핵심 기술인 **'인지-판단-제어'** 부분을 나누고 관련된 요소 기술에 대해 설명한다.

2장에서는 **'인지 기술'**로 레이더 센서, 카메라 센서, 라이다 센서의 구조, 원리 및 특징과 함께 로컬리제이션 기술에 대해 소개한다.

3장에서는 **'판단 기술'**로서 주행 상황 판단 및 주행 경로 생성 기술에 대해 설명한다.

4장에서는 **'종방향과 횡방향 및 통합 제어 기술'**에 대해 설명하고, **5장**에서는 **'검증 기술'**로서 시뮬레이션 검증과 실제 차량 검증 기술에 대해 소개한다.

이 책은 전기, 전자, 기계 및 모빌리티 공학을 전공하는 학부생들과 초관심 비전공생들까지 이해가 되도록 '기초 자율주행차 가이드'로 지식과 노력으로 준비한 생애 첫 전공서이다.

끝으로 이 책의 출판을 위해 각별한 용기와 도움을 주신 ㈜골든벨 대표이사와 임직원분들께 진정으로 감사의 말씀 전한다.

2022. 11

저자 정 승 환

I dedicate this book to my wife Jeongmi and daughter Danah,

and family for their love and support.

(사랑하는 나의 아내 정미와 딸 단아에게 이 책을 바칩니다.)

CONTENTS

01 자율주행자동차의 개요

02 자율주행자동차의 인지 기술

03 자율주행자동차의 판단 기술

04 자율주행자동차의 제어 기술

05 자율주행자동차의 검증 기술

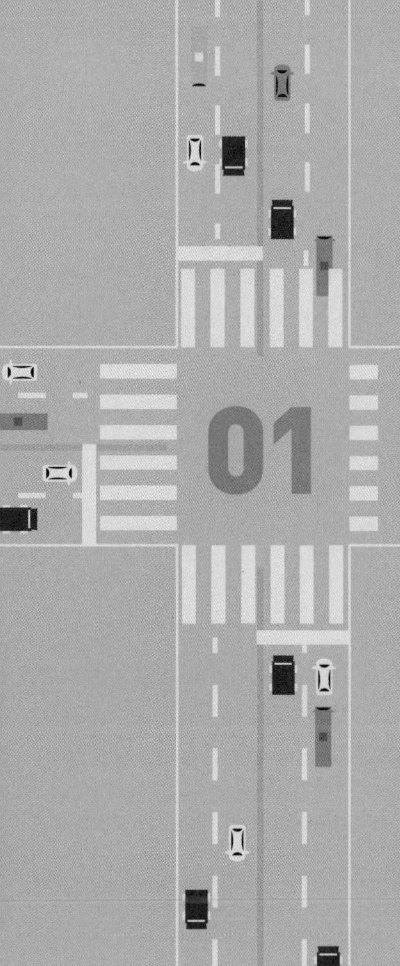

자율주행자동차의 개요

1 자율주행자동차 역사

2 자율주행자동차 정의

3 자율주행자동차 시장과 미래

자율주행자동차의 개요

1 자율주행자동차 역사

최초의 자율주행자동차 개발 시작에는 많은 이견들이 있으나, 1478년 레오나르도 다 빈치(Leonardo da Vinci)가 설계한 자가 추진 수레(Self Propelled Cart)를 시작 시점으로 보는 관점도 이 중 하나다. 다만, 4차 혁명 시대에서 정의하고 있는 자율주행 자동차 기술과는 차이점이 있으나, 당시의 내연 기관을 포함하여 대부분의 자동차의 모듈과 시스템의 기술 성숙도 낮은 점을 감안하면 자가 동력원(Self Powered Source)으로 주행하는 기술 역시 자율주행자동차의 기술의 한 분야로 포함할 수 있을 것이다.[1]

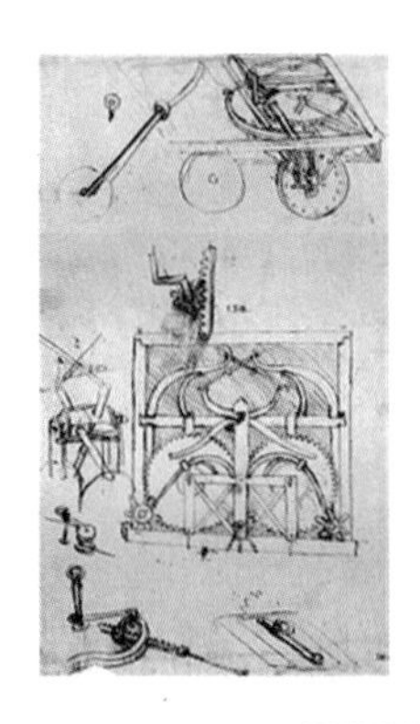

그림 1.1 세계 최초의 자율주행자동차

1980년대 중반을 시작으로 다양한 국가 및 기관들의 프로젝트에서 대학생들을 대상으로 각종 챌린지 경진대회가 개최되었고, 양산형 차량에 다양한 센서와 제어 알고리즘이 적용된 개조된 형태의 자율주행자동차가 미국과 유럽을 중심으로 활발히 연구되었다. 특히, 2004년에는 미국 DARPA(Defense Advanced Research Project Agency) 주관의 그랜드 챌린지(Grand Challenge)가 개최되었다. 이 대회에서는 복잡하고 다양한 경로 주행이 가능한 완전 자율주행 개발을 목표로 각자의 기술을 경쟁하였으며, 그 결과 약 12 (km)를 자율주행 모드로 주행한 스탠포드 경주(Stanford Racing)팀이 우승을 차지하게 된다.[2]

국내에서는 2010년부터 현대자동차그룹 주관으로 국내 대학생들만을 대상으로 자율주행 기술 공모전을 진행하였다. 기업에서는 양산 차량과 함께 일정한 예산을 지원하고 각 대학에서는 자율주행을 위한 센서 구성과 제어 알고리즘을 개발하여 실제 차량에 반영하는 형태로 진행되었다. 최근에는 가상의 주행 환경인 시뮬레이션 환경에서 기술적 난이도가 높은 주행 조건에서의 자율주행 전체 프로세싱을 경쟁하는 경진대회로 진행된 바 있다. 그 밖에도 최근 10여

년간 정부 부처별 다양한 자체 경진대회와 지자체 주관의 콘테스트 (Contest)가 개최 및 운영되고 있어 국내의 자율주행자동차 개발은 현재도 활발히 진행 중임을 판단 할 수 있다.

표 1.1 세계 자율주행자동차 연구 활동

구 분		캘리포니아 PATH	주행지원 도로 시스템	Chauffeur 프로젝트	DARPA 콘테스트	Google 자동 운전
연구개발 주체 (국가)		PATH (미국)	국토기술정책 종합연구소 (일본)	Chauffeur (EU)	DARPA (미국)	Google (미국)
연구개발 기간		1986 ~ 1997	1994 ~ 1996	1994 ~ 2002	2004 ~ 2005	2007
대상 도로		고속도로	고속도로	고속도로 일반도로	고속도로 일반도로	고속도로 일반도로
대상 차량		승용차	승용차	화물차	승용차	승용차
협조 레벨		V2I ,V2V	V2I ,V2V	V2V	–	–
특징기술	인프라	자기 마커	자기 마커 V2I 통신	–	–	– (HD Map)
	통신	800MHz	2.5GHz	5.8GHz	–	–
	차량	속도 제어 차간 제어 조향 제어 (자기 센서)	속도 제어 차간 제어 조향 제어 (자기 센서)	속도 제어 차간 제어 조향 제어 전방 감지	속도 제어 조향 제어 위치 측정	속도 제어 조향 제어 보행자 감지

운전자 및 탑승자의 별도 운전 개입이 없는 기술적 성숙도가 높은 자율주행자동차가 양산되어 우리의 교통 운송 수단으로서 생활 환경 전반에 걸쳐 상용화되기 전까지 이런 공모전 성격의 챌린지 대회는 당분간 지속될 것으로 예상된다. 또한, 세계 각국에서 자율주행자동차의 상용화 기술을 완성하기 위해 산업체, 학계 및 정부의 정책이 마련되고 있는 만큼 국내의 자동차 산업 경쟁력 확보를 위해 정부 부처별 협업과 규제 완화가 필요하다.

2 자율주행자동차 정의

자율주행자동차(Autonomous Vehicle)는 차량에 탑승한 모든 사람들이 차량 주변 환경을 인지하거나 별도의 운전 행위가 없이 '인지-판단-제어'의 3단계 절차를 차량 스스로 운영 및 결정하는 차량을 말한다. 자율주행자동차 핵심 프로세스인 '인지-판단-제어' 중에서 인지는 차량을 중심으로 차량, 보행자 및 자전거 등의 이동형 물체와 차로, 차선 및 신호등의 고정형 물체를 인식하는 과정을 담당한다. 판단 과정은 다양한 주행 사항을 판단하여 자율주행자동차의 주행 전략을 결정하고 최적의 주행 경로를 생성하는 역할을 수행한다. 제어 과정은 요구(Desired) 감가속도, 요구 속도와 요구 조향각 또는 요구 조향 토크를 차량의 파워트레인 시스템, 제동 시스템 및 조향 시스템의 기계적 특성에 맞게 정밀 제어하는 역할을 수행한다.[3]

자율주행자동차의 핵심 3단계 프로세스와 함께 차량에 긴급 사항이 발생할 경우 대비책 수행의 주체가 시스템과 사람이냐에 따라 자율주행기술 단계를 6개로 나눌 수 있는데, 이는 SAE J3016에서 정의하고 있다. 자율주행 Lv.0~2단계는 구성 시스템 일부가 자율주행을 수행하며, 운전자는 모든 주행 조건에서 '인지-판단-제어'의 3단계 프로세스에 대해 통제해야만 한다. 자율주행 Lv.3~5단계는 자율주행 시스템이 자율주행자동차가 주행하기 위한 모든 프로세스 전체를 수행하게 되고, 운전자의 개입은 불필요한 상태가 된다.[4]

표 1.2 자율주행자동차 기술 단계 (SAE J3016)

자율주행 기술 단계	자율주행 정의	제어 주체	인지 주체	긴급 상황 대처	자율 운전
0 (비자율)	모든 운전은 운전자가 직접 수행(자율주행 없음)	사람	사람	사람	사람
1 (운전자 보조)	운전자가 차량을 운전하지만, 일부 시스템으로 운전자 보조 지원	사람/시스템	사람	사람	사람/시스템
2 (부분자율)	일부 특정 구간에서 자율주행 지원하지만, 운전자가 모든 상황 통제	시스템	사람	사람	사람/시스템
3 (조건부자율)	운전자가 탑승한 상황에서 자율주행 지원 하지만 긴급 상황 발생 시 운전자가 대처	시스템	시스템	사람	사람/시스템
4 (고도자율)	특정 조건에서 자율주행 가능하며, 운전자에게 제어권 선택적 부여	시스템	시스템	시스템	사람/시스템
5 (완전자율)	모든 조건에서 자율주행 가능하며, 무인 운송 시스템의 형태	시스템	시스템	시스템	시스템

자율주행 Lv.1단계는 운전자에게 주행 편의와 운전 부주의를 지원하는 시스템으로 종방향 제어 시스템으로는 SCC(Smart Cruise Control), AEB(Autonomous Emergency Braking) 시스템 등이 있고, 횡방향 제어 시스템으로는 LKAS(Lane Keeping Assist System) 등이 여기에 속한다. 자율주행 Lv.2단계는 한정된 도로 또는 한정된 주행 조건에서 종방향 제어 시스템과 횡방향 제어 시스템이 통합된 형태로 나타낸다. 현재 완성차 기업에서 양산하고 있는 자율주행 기술이 이 단계에 해당된다. 자율주행 Lv.3단계는 인지의 역할 모두가 자율주행 시스템에서 진행되고 책임지는 단계로서 우리가 상상하는 자율주행 자동차에 가깝다. 다만, 긴급 위험 상황이 발생할 경우 운전자가 개입하여 그 상황을 해소하는 역할을 담당해야 한다. 자율주행 Lv.4

단계는 긴급 위험 상황에 대해서는 자율주행 시스템이 대처하게 되고, 자율주행 Lv.5단계는 운전자에게 운전의 제어권을 이양하는 '운전 제어권 전환 모드'와 조향 및 페달이 없는 무인 운송 시스템의 형태가 된다.

자율주행 Lv.3단계부터는 자율주행 운행 모드 상태에서 OEDR (Object and Event Detection and Response) 즉, 객체 및 사고상황 인지와 반응의 책임은 운전자에게 있지 않고 시스템에 있는 만큼 자율주행자동차는 자동차, 보행자, 자전거 및 기타 다양한 객체를 인지할 수 있어야 하며, 충돌이 발생하지 않은 제어가 가능해야 한다.

자율주행 Lv.2~4단계에서는 운행 설계 범위인 ODD(Operational Design Domain)로서 도로 형태, 지리적 조건, 속도 및 기타 환경적 조건에서 자율주행 운행 모드로의 진입과 자율주행의 유지 상태에 제약을 받게 되고, 자율주행 Lv.5단계 부터는 어떠한 제약 조건 없이 자율주행 모드의 진입이 활성화 되어야 하고 자율주행 상태도 유지되어야 한다.[5]

3 자율주행자동차 시장과 미래

완성차, 전기, 전자, 소프트웨어 및 IT 통신 기업들을 중심으로 자율주행자동차 기술 개발이 지속되고 있으며, 당분간 이런 추세는 지속될 전망이다. 자율주행자동차의 기술의 상용화는 '자율주행 서비스형 이동 시스템'으로 확장될 것으로 예상되며, 많은 기업들은 시장 선점우위와 독점적 시장지위를 확보하기 위해 치열하게 경쟁 중에 있다.

또한, 자율주행 기술 Lv.3~5단계 기술의 완성도에 따라 새로운 형태의 비즈니스 모델과 신규 시장이 형성될 것이다. 시장 조사 기관인 IHS Markit의 분석 결과에 따르면 2025년에 100만대, 2040년에는 3,300만대의 자율주행자동차가 시장에 판매될 것이라고 예상하고 있다.[6]

하지만, 북미 중심의 자율주행자동차 기업들의 경우 차량을 설계, 제작 및 검증 기술의 경험과 노하우(Know-how)를 보유하고 있지 못한 소프트웨어 중심의 신생 기업들이 개발을 주도하고 있다. 완성자동차 기업들의 경우 소프트웨어 인력 부족으로 이런 소프트웨어 회사들과의 합작 기업을 만들어 협업하고 있는 점을 감안할 경우, 자율주행 Lv.3~5단계의 기술 완성되어 소비자에게 전달되기 전까지 극복해야 할 기술 개발 함께 기술력 소유권 등 고려할 사항이 많다.

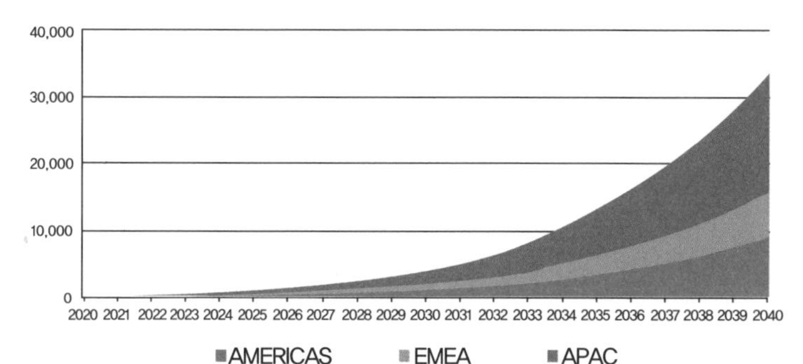

그림 1.2 세계 자율주행자동차 양산 대수 전망 (※ 출처 : IHS Markit)

자율주행자동차 기술이 상용화될 경우 어린이, 노인층 및 장애인 등의 교통약자들에게 '교통사고 저감'과 '이동의 권리'를 제공할 수 있을 것으로 기대된다. 특히, 대한민국은 2017년부터 고령화 시대에 진입하였고 전 세계적으로도 가장 빠른 추세를 보이고 있다. 주행 편의와 주행 안전 서비스를 운전자에게 제공하는 자율주행 상용화 기술은 순발력이 부족한 고령 운전자들의 지원 시스템(Assistance System)으로 활용이 가능하여 교통사고를 줄일 수 있을 뿐만 아니라 운전이 불가능한 고령자들을 의료 서비스 센터로 방문할 수 있는 이동권을 보장할 수 있어 우리 사회가 부담해야 하는 사회적 · 의료적 비용을 줄일 수 있을 것이다.

그림 1.3 교통약자를 위한 자율주행자동차 (※ 출처 : https://global.toyota/)

자율주행 기술을 이용한 물류 배송 로봇 개발 역시 빠른 속도로 진행되고 있다. 택배 및 음식 등의 배달과정 중에 발생하는 비용의 대부분은 마지막 구매자에게 전달되는 과정 속에서 발생한다. 그 이유는 교통 체증, 주차 공간 부족, 고객 부재 및 반송 등의 원인이 이 시점에서 발생하기 때문이다.[7] 배송 비용을 줄이기 위해 많은 국내·외 물류 기업과 스타트업(Startup) 기업들을 중심으로 자율주행 택배 로봇들이 개발되고 있으며, 공항 및 항만과 같은 큰 사업장을 운영하는 대기업 사내의 자율주행 셔틀버스와 광범위한 사내 물류 창고 내에서의 자율주행 배송 업무로 확장을 계획하고 있는 단계이다.

그림 1.4 자율주행 물류 배송 로봇

참고문헌

[1] Leonardo's self-propelled cart, Wikipedia, the free encyclopedia, https://en.wikipedia.org/wiki/Leonardo%27s_self-propelled_cart

[2] DARPA Grand Challenge (2004), Wikipedia, the free encyclopedia, https://en.wikipedia.org/wiki/DARPA_Grand_Challenge_(2004), 2004.

[3] Lance Eliot, Michael Eliot. Autonomous Vehicle Driverless Self-Driving Cars and Artificial Intelligence: Practical Advances in AI and Machine Learning, LBE Press Publishing, 2017.

[4] Taxonomy and Definitions for Terms Related to Driving Automation Systems for On-Road Motor Vehicles. SAE Standard J3016, 2021.

[5] Krzysztof Czarnecki, "Operational Design Domain for Automated Driving Systems - Taxonomy of Basic Terms", Waterloo Intelligent Systems Engineering (WISE) Lab, University of Waterloo, 2018.

[6] Self-driving Cars Market Share, Size, Trends, Industry Analysis Report, By Component; By Electric Vehicle; By System; By Mobility Type (Shared Mobility, Personal Mobility); By Region; Segment Forecast, 2022 - 2030.

[7] Chao Fang and Lei Liu, "Research on Autonomous Vehicle Delivery System Based on Service Design Theory", HCI Applications in Health, Transport, and Industry, pp. 246-260, 2021.

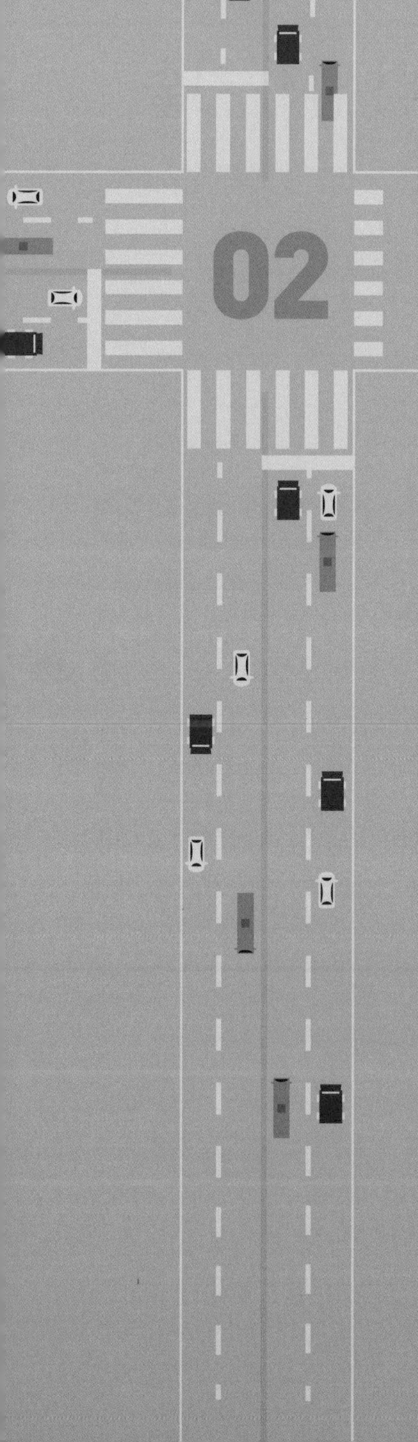

자율주행자동차의 인지 기술

1 관성 센서
2 레이다 센서
3 카메라 센서
4 라이다 센서
5 초음파 센서
6 GPS
7 V2X
8 센서 퓨전
9 HD Map
10 로컬리제이션

자율주행자동차의 인지 기술

기존 완성 자동차와 자율주행자동차를 구성 부품과 핵심 기술적 관점에서 비교할 때 가장 많은 차이가 발생하는 부분은 바로 인지 기술 분야이다. 두 차종 모두 차량에 동력원을 발생하는 파워트레인(Powertrain) 시스템과 조향, 현가, 제동 등의 섀시(Chassis) 시스템 및 시트와 공조 모듈 등의 바디(Body) 시스템의 경우 대부분 동일한 구성과 기능을 가지고 있지만, 가장 큰 차이점을 가지고 있는 부분이 바로 인지와 관련된 부품과 기술이다. 이런 인지 기술에는 이종의 복수개 센서를 이용한 센서 퓨전(Sensor Fusion) 기술과 인공지능(Artificial Intelligence) 기술이 포함된다.

자율주행자동차의 인지 프로세싱은 차량에 설치된 센서들의 이용으로 구현된다. 이번 장에서는 각 센서들의 작동 원리와 구조 및 장단점을 소개하고 각각의 센서들의 인지 성능의 한계점을 보완하기 위한 센서 퓨전 기술에 대해 설명한다.

1 관성 센서

관성 센서(IMU : Inertial Measurement Unit)는 2000년대 초반부터 많은 양산 차량에 ESC(electronic stability control) 시스템이 적용되기 시작하며 차량에 필수적으로 적용되기 시작했다.[2] IMU 센서는 보통 차량의 무게 중심(C.G : Center of Gravity)에 장착되어 현재 차량에 발생한 가속도와 각속도를 계측하는 목적으로 사용된다. 개발 초기의 IMU 센서는 아날로그 형태로 개발되었지만, 현재는 MEMS(Micro Electro Mechanical System) 기술이 적용되었으며 CAN(Controller Area Network) 통신으로 차량의 동역학 특성값 계측 정보를 차량 네트워크로 업로드하는 형태를 취하고 있다.

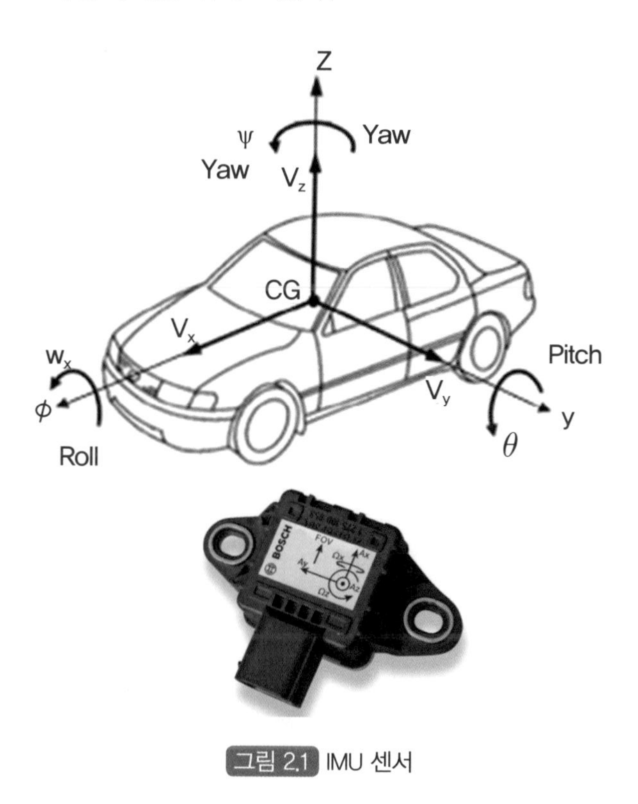

그림 2.1 IMU 센서

1.1 구조 및 원리

IMU 센서 구조

IMU 센서는 차량의 진행 방향인 x축 방향의 가속도, 좌우 방향인 y축 방향에 대한 가속도, 위쪽 방향인 z축 방향의 회전 각속도를 계측할 수 있다. 여기서 z축의 회전 각속도를 요 레이트(Yaw Rate), x축의 회전 각속도는 롤 레이트(Roll Rate)라고 한다. 보통 양산 차량에서 사용되는 IMU 센서의 경우 요 레이트만 출력되고 롤 레이트는 출력되지 않는다.

소형 반도체 공법이 적용된 IMU 센서는 고정 전극(Fixed Plate)과 탄성력을 가지고 있는 이동 전극(Movable Plate)으로 구성된다. 고정 전극의 경우 MEMS 기판에 고정되어 있고, 이동 전극은 고정 전극 사이에서 움직일 수 있도록 설계되어 있다. MEMS 구조에서 계측된 아날로그 신호를 디지털 신호로 변환하는 DSP(Digital Signal Processing) 신호 처리 모듈과 함께 차량 CAN 네트워크로 정보를 전송할 수 있는 CAN 버스 컨트롤러 칩(Chip)을 포함하고 있다.

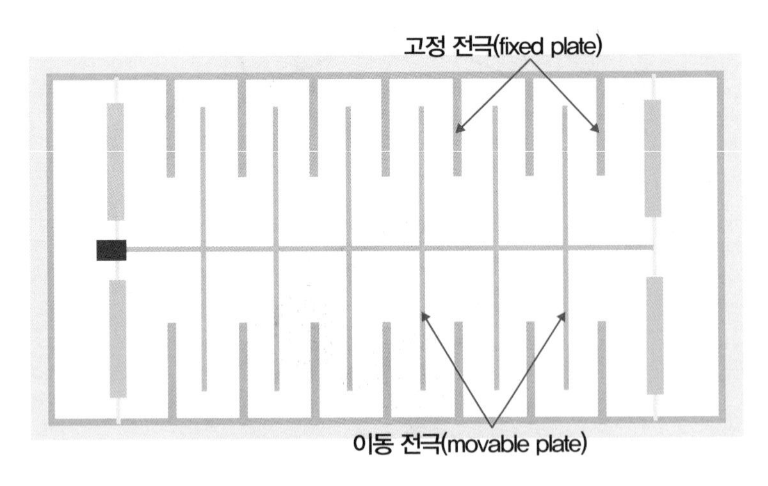

그림 2.2 MEMS 기반 IMU 센서 구조

IMU 센서 원리

IMU 센서를 이용하여 가속도를 측정하는 원리는 훅의 법칙(Hooke's Law)과 뉴턴 제2법칙(Newton's Second Law)을 이용하여 계측할 수 있다. 훅의 법칙은 탄성력을 가지고 있는 물체가 외부에서 발생한 힘에 의해 길이의 변화가 발생했을 경우 원래의 위치로 저항하는 복원력의 크기 정도를 나타내는 물리적 법칙이다. 이 법칙을 수식으로 표현할 경우 식(2.1)과 같으며 F는 힘(복원력), k는 용수철 상수, d는 길이를 나타낸다. 뉴턴의 제2법칙은 식(2.2)와 같으며 m은 질량체 무게, a는 가속도에 해당된다.[1, 2]

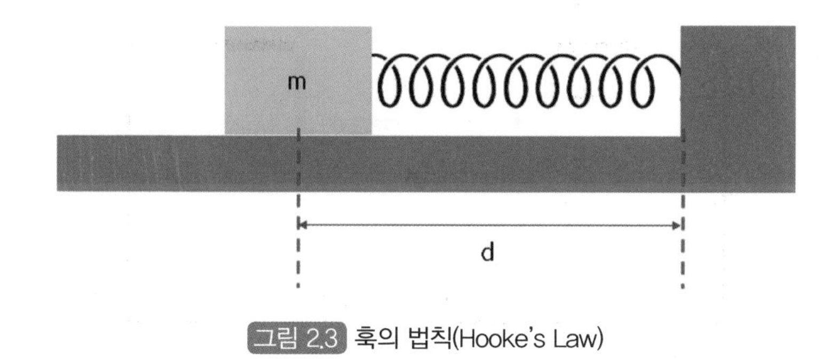

그림 2.3 훅의 법칙(Hooke's Law)

$$F = -k \times d \tag{2.1}$$

$$F = m \times a \tag{2.2}$$

질량체의 무게 (m)과 용수철 상수 (k)를 알고 있을 경우 식(2.1)과 식(2.2)를 이용할 경우 가속도는 식(2.3)과 같이 유도할 수 있다.

$$a = \frac{k}{m} \times d \tag{2.3}$$

여기서 거리값 d는 결국 두 개의 금속체인 고정 전극과 이동 전극 사이의 거리값에 해당된다. 이는 일정한 간격 두고 떨어져 있는 커패시터(Capacitor)와 동일한 구조와 기능을 가지게 되므로 식(2.4)으로부터 전압 측정의 과정으로 거리 측정이 가능하다. 여기서 ε는 유전율, A는 금속판 면적을 나타낸다.

$$c = \varepsilon \times \frac{A}{d} \tag{2.4}$$

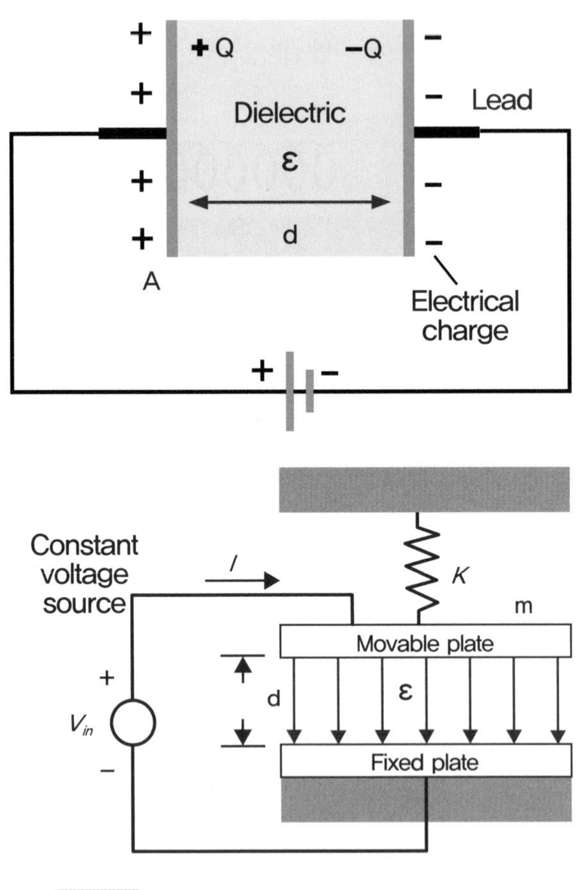

그림 2.4 커패시터(Capacitor)의 전기 에너지 저장

IMU 센서가 고정 상태일 경우 이동 전극은 움직이지 않으므로 고정 전극의 중앙에 위치하므로 이때의 커패시터 용량 C1과 C2는 동일하므로 정전 용량은 같아지며, 이런 이유로 저장된 전압의 크기는 같게 된다. IMU 센서가 위쪽 방향으로 이동할 경우 중력에 의해 힘은 수직 방향으로 발생하게 되어 이동 전극은 아래 방향으로 이동하하게 된다. 그러므로 식(2.4)에 의해 C1의 정전 용량은 C2에 비해 크게 될것이다. 그러므로 C2에 충전된 전압은 C1에 비해 크게 된다. 즉 외부에서 가해지는 힘의 변화가 캐패시터의 용량을 가변시키게 되고, 이 변위량은 충전 전압의 크기 형태로 계측할 수 있다.

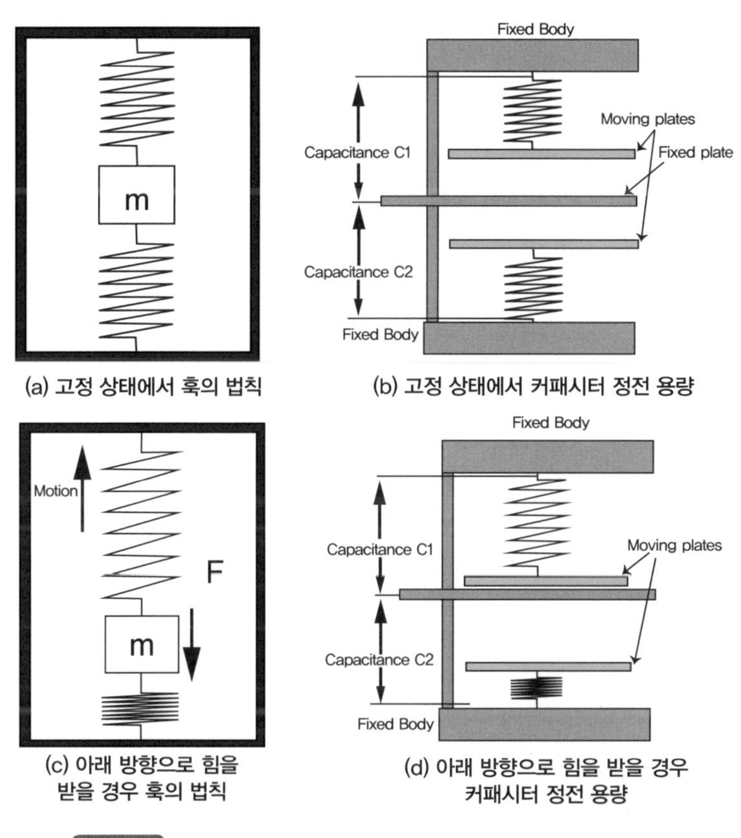

(a) 고정 상태에서 훅의 법칙

(b) 고정 상태에서 커패시터 정전 용량

(c) 아래 방향으로 힘을 받을 경우 훅의 법칙

(d) 아래 방향으로 힘을 받을 경우 커패시터 정전 용량

그림 2.5 고정 및 힘을 받을 경우의 훅의 법칙과 커패시터 상태

IMU 센서는 코리올리 힘(Coriolis Force)을 이용하여 회전 각속도를 계측할 수 있다. IMU를 장착한 차량이 선회할 경우 센서 내부 질량체 역시 회전하게 되고 이 질량체의 z축에 수직 방향으로 힘이 발생하게 되는데 이 힘을 코리올리 힘으로 정의 한다.[3]

식(2.2)와 식(2.5)를 이용할 경우 각속도를 구할 수 있으며, υ는 센서 내부 질량체 (m)의 병진 속도, ω는 질량체 (m)의 회전 속도를 의미한다. 여기서 질량체 병진 속도 υ는 회전 시 상하좌우로 이동하며 주파수를 이용하여 구할 수 있다.

$$F = 2 \times m(v \times \omega) \tag{2.5}$$

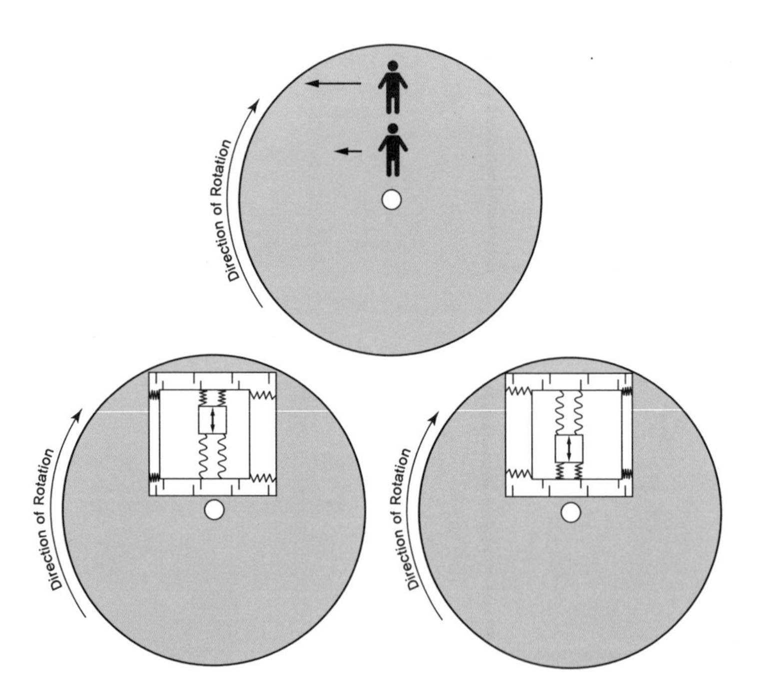

그림 2.6 코리올리 힘을 이용한 MEMS 타입 IMU 센서

회전 각속도 계측의 경우도 커패시터의 전기 에너지 저장 원리를 이용하여 출력 전압의 형태로 측정이 가능하다. IMU 센서의 경우 차량의 가속도와 각속도를 함께 측정하여 차량의 동역학적 거동 상태 정보를 전송하게 된다. MEMS 기반의 IMU 센서의 가속도와 각속도 측정 원리도 훅의 법칙과 코리올리 힘을 이용하며 구체적인 구조는 아래의 그림과 같다.

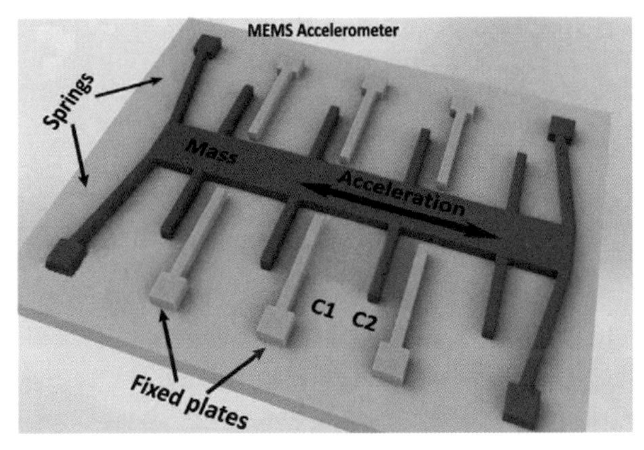

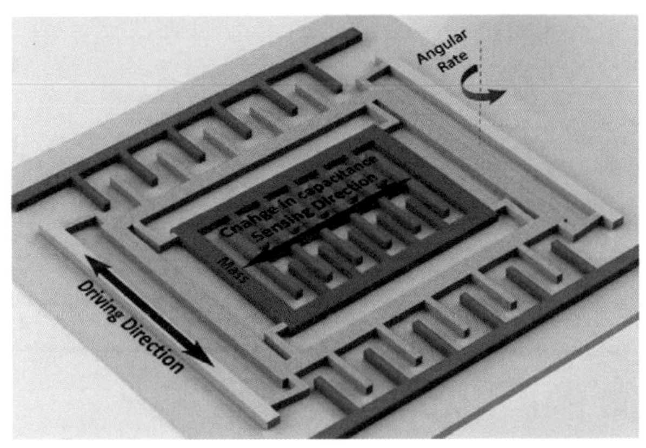

그림 2.7 가속도와 각속도 계측이 가능한 IMU 센서

1.2 특징

IMU 센서 장점 및 단점

IMU 센서는 전자 제동 시스템인 ESC와 TCS(Traction Control System)가 대부분의 양산 차량에 필수 장착되기 시작하는 시기부터 광범하게 적용된 만큼 기술적 완성도가 높고, 가격 경쟁력이 높은 센서이다. 센서 모듈에서 6 DOF(Degree Of Freedom)에 대한 가속도와 각도를 출력하므로 물리적 집적도가 높으며, GPS 센서가 수신 불가능한 상황에서 추측항법(Dead Reckoning Navigation)을 통해 보완할 수 있다. 그 밖에도 차량 동역학 모델의 상태방정식(State Equation)을 구성하는데 활용할 수 있어 차량의 주행 운동 예측 모델에 사용할수 있다.[4]

IMU 센서는 가속도와 각속도와 같은 시간에 따른 물리값의 변화량은 계측할 수 있으나 속도와 각도는 계측할 수 없는 한계를 가지고 있다. 변화량을 기반으로 적분 과정을 거쳐 속도와 각도로 변환할 수 있으나 오프셋(Offset) 오차 값이 누적될 경우 최종값에 큰 오차가 반영되어 정밀도를 보장할 수 없다. 따라서 센서 고장 및 항법 시스템의 전기전자적 장애로 사용이 불가능할 경우 일시적으로 활용이 가능하다.

2 레이더 센서

레이더는 RADAR는 Radio Detection and Ranging의 약자로 전자기파를 이용하여 반사된 물체와의 거리, 방향, 각도 및 속도에 대해 측정이 가능한 센서이다. 레이더 센서가 개발될 수 있었던 이유는 어두운 동굴에서 박쥐가 동굴의 벽면을 충돌 없이 자유롭게 이동하는 것이 가능하다는 것을 발견하면서부터이다. 그 원리를 확인한 결과 초음파를 이용하여 물체의 유무와 물체와의 거리 및 각도를 탐지할 수 있다는 것을 확인하게 된다.[5] 이를 기반으로 군사적 목적으로 활용하기 위해 연구를 진행됐던 것이 레이더 개발의 시작이다. 1980년대 후반 도요타(TOYOTA)를 시작으로 레이다 센서가 차량에 적용되기 시작했고, 닛산(NISSAN)과 혼다(HONDA)가 경쟁적으로 개발에 착수하며 관련 응용 기술이 성숙되었다.

(※ 출처 : https://www.bosch-mobility-solutions.com/en/)

(※ 출처 : https://www.innosent.de/en/radar/)

그림 2.8 레이더 센서

2.1 구조 및 원리

레이더 센서 구조

레이더 센서에는 송신 안테나, 파워 증폭기, 수신 안테나, 저잡음 증폭기 및 A/D(Analog to Digital) 컨버터 등으로 구성되어 있다. 수신 안테나의 경우 복수 개의 안테나가 일정한 간격을 두고 배치된 배열 안테나(Array Antenna)가 적용된다. 이렇게 복수 개의 안테나의 전기각 위상을 변경 및 제어하고 이들 안테나들의 신호를 합성할 경우 설계자가 원하는 방향으로 전자기파를 송수신 할 수 있는 지향성 안테나(Directional Antenna)로 구성할 수 있다.

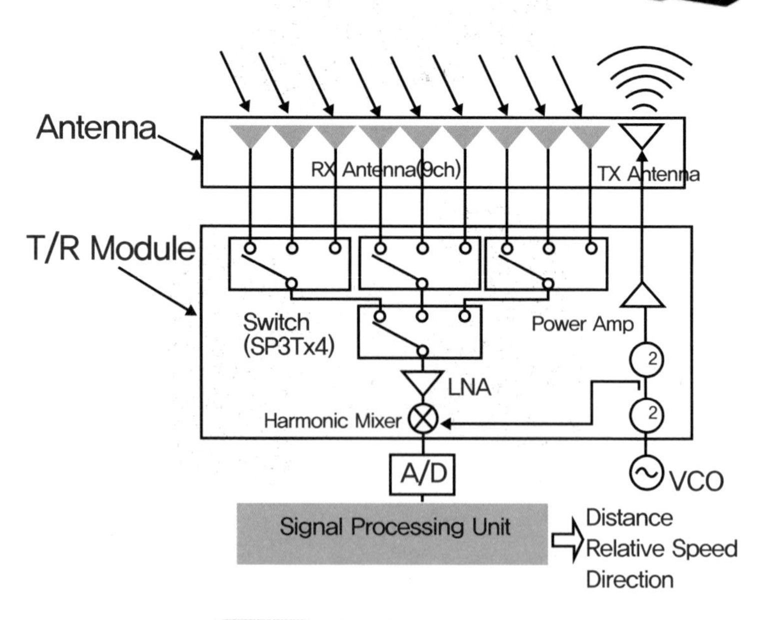

그림 2.9 77(GHz) 레이더 센서 구조

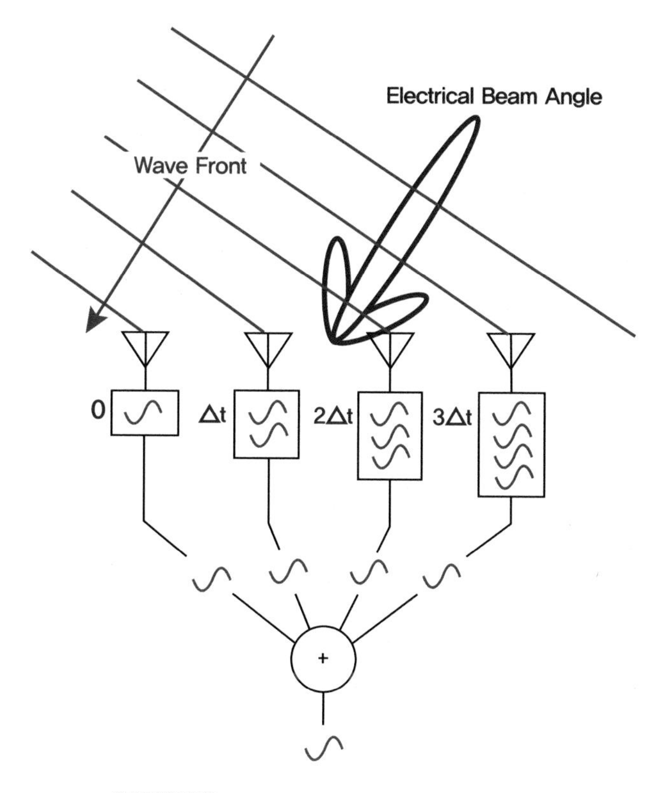

그림 2.10 레이더 센서의 지향성 배열 안테나

레이더 센서는 크게 펄스 도플러(Pulse Doppler) 레이더와 주파수 변조 연속파(Frequency Modulated Continuous Wave) 레이더로 구분할 수 있다. 두 센서 모두 RF(Radio Frequency) 회로적 구조로 부품은 동일한 형태를 가지고 있다. 펄스 도플러 레이더는 앞서 설명한 바와 같이 송신 안테나에서 출력된 신호와 목표물로부터 반사되는 전파의 수신 시간으로부터 거리를 측정할 수 있다. 주파수 변조 연속파 레이더는 선형적으로 변하는 변조된 주파수 신호를 연속적으로 송신하고 목표물로부터 반사되는 수신 신호의 도착 시간과 주파수 편이 분석을 통해 거리를 측정할 수 있다.

레이더 센서에서 사용되는 주파수의 경우 개발 초기 24 (GHz)를 시작으로 최근에는 77 (GHz)까지 적용되고 있다. 주파수가 높아질수록 센서의 전력 소모가 증가하는 단점을 가지고 있지만 센서의 크기를 소형으로 만들 수 있고 인지 거리가 길어지며 인지값의 해상도(Resolution)가 높아져 정밀도를 향상 시킬 수 있는 장점을 가지고 있다.

레이더 센서 원리

레이더 센서의 경우 수십 GHz 수준의 높은 RF 대역의 주파수를 송신하여 어떤 물체로부터 반사되어 돌아오는 반사파의 시간 차이로부터 두 물체 간의 거리값을 측정하게 된다.[6]

펄스 도플러 및 주파수 변조 연속파 레이더 센서를 이용하여 거리를 측정 할 경우 TOF(Time Of Flight) 원리를 이용하게 되는데, 그림 2.11과 같이 두 차량이 있을 경우 차간 거리는 식(2.6)을 이용하여 구할 수 있다. 여기서, d는 차간 거리, $\triangle t$는 전파가 송신하고 수신되는 시간차이고, c는 전파의 속도를 의미한다. (단, 전파 속도 : 299,792,458 (m/s))

$$d = \frac{c(\triangle t)}{2} \tag{2.6}$$

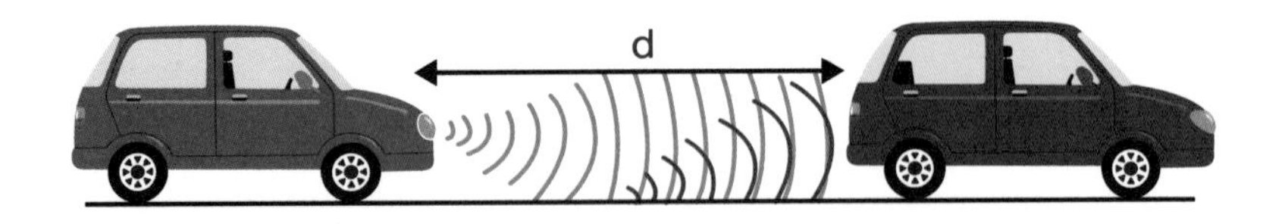

그림 2.11 펄스 도플러 레이더 센서 거리 측정 원리

펄스 도플러 레이더 센서의 송수신 신호의 시간 지연 ($\triangle t$)과 주파수 위상차 ($\triangle f$)의 정보를 활용하여 식(2.6)을 이용하여 물체와의 거리를 계산할 수 있게 된다.

그림 2.12는 주파수 변조 연속 방식(FMCW : Frequency-Modulate Continuous Wave) 레이더 센서는 연속 적인 변조 신호를 송신하는 레이더 센서의 한 종류이다. 연속 적인 변조 신호는 레이더 센서를 통해 지속으로 전송되고 있으며, 전방의 객체 (차량)를 통해 반사될 경우 수신 상태는 계속 유지하게 된다. 펄스 도플러 레이더의 경우 지속 시간이 길지는 않지만, 높은 수준의 펄스를 일정 시간 동안 송신하는 특성과는 다른 형태를 가지고 있다.

하지만 주파수 변조 연속 방식 레이더의 경우 일정한 주파수를 끊임없이 송신해야 하는 단점을 가지고 있지만 전방 차량과의 물리적 거리에 따른 지연 시간을 주파수의 차이로 측정하게 된다. 이럴 경우 레이더의 크기를 소형화하면서도 많은 객체를 인지할 수 있고, 객체를 인지할 수 있는 최소 측정 거리도 줄일 수 있는 장점을 가질 수 있다.

자율주행자동차의 경우 0.5~250(m) 범위 안에 있는 객체를 인지해야 하므로 FMCW 레이더 센서가 광범위하게 사용되고 있다. FMCW 레이더는 그림 2.12와 같은 변조 패턴을 가지게 되는데 송신 주파수의 경우 특정 구간의 범위를 갖도록 하는데 보통 Fmin 77 (GHz)~Fmax 81(GHz)로 톱니파 모양의 변조 신호를 만들어 사용한다. 송신 주파수의 신호와 수신 주파수의 신호가 시간적으로 지연이 발생할 경우 주파수가 서로 다른 2개의 주파수가 발생하게 되고 측정이 가능한 진동 주파수 (Beat Frequency)가 발생하게 된다.

이를 통해 차간 거리는 아래의 식으로부터 구할 수 있다. 여기서

Ts는 시작 주파수에서 정지 주파수까지 이동하는데 발생하는 시간 (sweep time)을 나타낸다.

$$\frac{\triangle t}{T_s} = \frac{\triangle f}{B} \tag{2.7}$$

$$d = \frac{1}{2}\frac{cT_s \triangle f}{B} \tag{2.8}$$

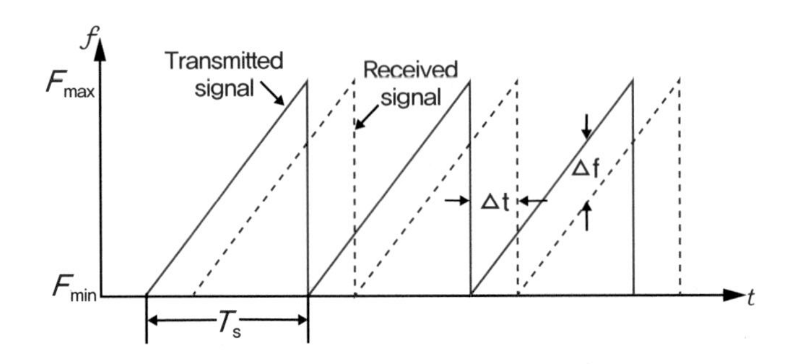

그림 2.12 주파수 변조 연속파 레이더 센서 거리 측정 원리

레이더의 경우 배열 안테나가 사용되므로 객체와 첫 번째 안테나의 거리 d, 두 번째 안테나와의 거리 $d+\triangle d$일 경우 안테나의 위상차는 아래와 같다.

$$\triangle \phi = \frac{2\pi \triangle L}{\lambda} \tag{2.9}$$

여기서 ϕ 안테나 위상, λ 파장을 나타낸다.

안테나 사이의 거리가 L일 경우 $\triangle d = L\sin\theta$가 되므로 안테나 위상차는 다음과 같이 정리될 수 있고 따라서 객체와의 각도를 구할 수 있다.

$$\triangle\phi = \frac{2\pi L \sin\theta}{\lambda} \tag{2.10}$$

$$\theta = \sin^{-1}\left(\frac{\lambda\triangle\phi}{2\pi L}\right) \tag{2.11}$$

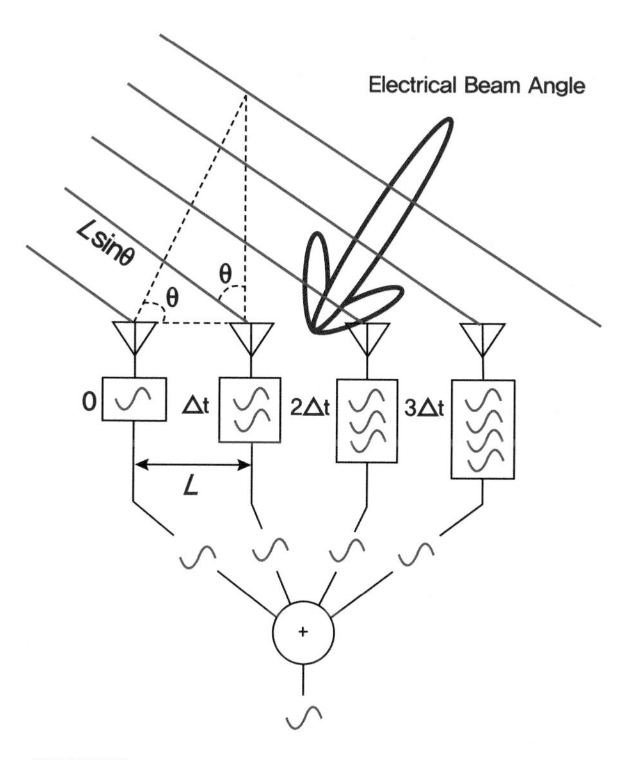

그림 2.13 레이더 센서의 안테나 배열 기반 거리 측정 원리

2.2 특징

레이더 센서 장점 및 단점

레이더 센서의 가장 큰 장점 중 하나는 오랜 기간 동안 양산하여 많은 완성 차량에 적용되었고, 많은 부품사에서 생산하고 있는 만큼 다른 센서들에 비해 높은 가격 경쟁력으로 기술적 성숙도 역시 높은 상태이다. SRR(Short Range Radar)의 경우 0.1 ~ 30 (m) 내외, MRR (Medium Range Radar)의 경우 0.5 ~ 100 (m) 내외, LRR(Long Range Radar) 센서는 0.5 ~ 250 (m) 내외 수준의 다양한 범위의 거리에 있는 객체 인식이 가능하다. 초고주파 대역의 높은 주파수를 송수신하는 능동형(Active) 센서이므로 아침과 밤의 시간 영향도와 눈, 비 및 안개 등의 악천후 날씨의 영향도가 거의 없다.

하지만 금속 물체가 아닌 비금속 반사체나 고정된 물체의 경우 인식이 어렵고 물체 크기에 따른 인지 성능이 저하되어 작은 물체의 경우도 인지가 불가능한 한계도 가지고 있다. 카메라 센서와 같이 이미지 데이터를 제공할 수 없어 보행자, 차선 및 신호등 등을 인식할 수 없는 단점을 가지고 있다. 또한, 주파수 높아질수록 더 큰 전력 소모가 요구되기도 한다. 또한, 많은 객체가 밀집된 주행 조건에서 레이더 센서가 장착된 차량을 중심으로 인지 물체의 LOS(Line Of Sight)와 NLOS(Non Line Of Sight) 상황이 반복될 경우 객체 별로 정의한 검출 ID(Identification)가 유지되지 못하는 상황이 발생할 경우 신규 객체로 인지하게 되고 이런 이유로 불필요한 신호 처리 연산 부하량이 증가되어 객체 추적(Object Tracking)의 성능이 저하되기도 한다.

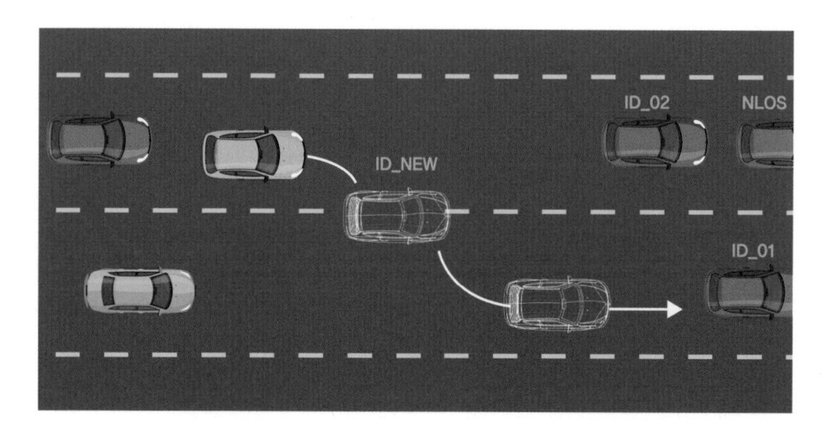

그림 2.14 레이더 센서 주행 상황에 따른 인지 상황

3 카메라 센서

카메라 센서는 우리의 예상과 달리 오래전부터 자동차 산업 많은 부분에 적용되어 있다. 1950년 중반 완성차 기업에서 후방 카메라를 반영하여 주차 시 활용했던 것이 시작이다. 후방 카메라가 촬영한 이미지를 운전자 모니터로 전송하여 차량 후방의 물체 유무와 공간을 운전자가 확인할 수 있는 수준의 수동적인 운전자 보조 시스템의 역할을 담당했다.

그림 2.15 GM BUIK 차량의 카메라 적용

1990년에 들어 국내 자동차 산업의 후속 시장(After Market)으로 급성장한 부품은 단연코 카메라 센서라고 할 수 있다. 차량의 사고 발생 시 책임 소재를 구분하기 위한 목적으로 블랙박스(Black Box) 제품으로 많은 차량에 설치되고 있으며, 최근에는 완성 자동차 개발단계에 반영한 내장형 블랙박스 적용이 확대되고 있는 추세이다. 그 밖에도 후방 카메라를 이용한 주차 보조 시스템이 있다. 후방 카메라의 경우 주차 상황에서 운전자에게 차량 뒷면의 공간과 물체의 위치에 대해 이미지 정보에 한하여 제공해준다.

자율주행자동차 개발 과정에 가장 활용도가 높은 센서를 뽑는다면 카메라 센서가 될 것이다. 레이더 센서와 유사하게 자동차 부품사 및 전자 회사들에서 카메라 센서를 개발 및 양산하고 있어 가격 경쟁력은 개선되고 있는 상황이나, 자율주행에 활용하기 위한 다양한 객체 인지 성능 개선(Upgrade)을 위한 데이터베이스(Database) 확보와 활용의 관점에서 이미 양산을 시작한 소수 기업들의 시장 선점 효과로 이미지 센서 칩셋(Chipset)을 개발하는 일부 기업 제품에 독점 및 집중 되고 있는 상황이다.[7]

그 밖에도 첨단운전자보조시스템(ADAS : Advanced Driver Assistance System)과 자율주행 기술의 인공지능(AI : Artificial Intelligence)이 접목되며 카메라 센서를 이용한 이미지 프로세싱을 이용한 객체 인식과 경로 추정 등에 대한 연구가 활발히 진행되고 있다.

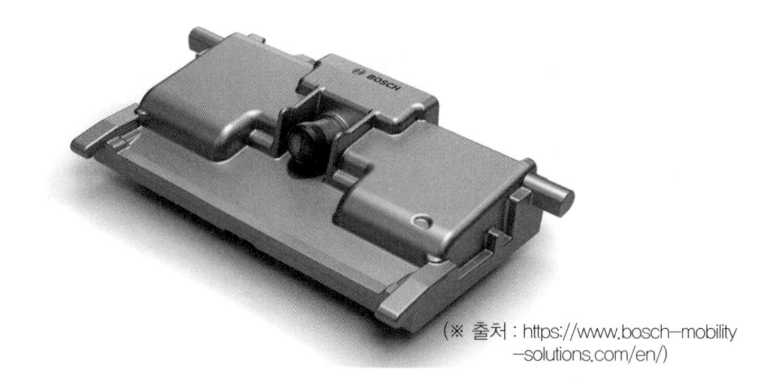

(※ 출처 : https://www.bosch-mobility-solutions.com/en/)

그림 2.16 ADAS 및 자율주행자동차용 카메라

3.1 구조 및 원리

카메라 센서 구조

카메라 센서의 내부 이미지 센서는 렌즈를 통해 입력된 피사체의 정보를 CCD(Charge Coupled Device) 또는 CMOS(Complementary Metal Oxide Semiconductor) 이미지 센서의 픽셀(Pixel)들에 감지된 빛의 양에 따라 전하량 또는 전기적 신호로 변환하는 과정을 거치고 이미지 신호 처리기(ISP : Image Signal Processor)를 통해 최종 디스플레이로 나타나게 된다.

CCD 센서는 포토다이오드(Photodiode)를 이용하게 되는데, 그 과정을 간단히 설명하면 빛 에너지의 밝기에 의해 발생하는 전하는 A/D 변환기를 거쳐 디지털 형태로 변환한 후 디스플레이 단말기로 나타내는 과정을 거치게 된다. 센서에서 발생한 전하량에 대한 전기적 신호의 대부분을 손실 없이 정확하게 전달할 수 있어 화질과 감도가 우수한 장점을 가지고 있지만 전력 소모량이 많고 제조 단가가 비싼 단점을 가지고 있다.[8]

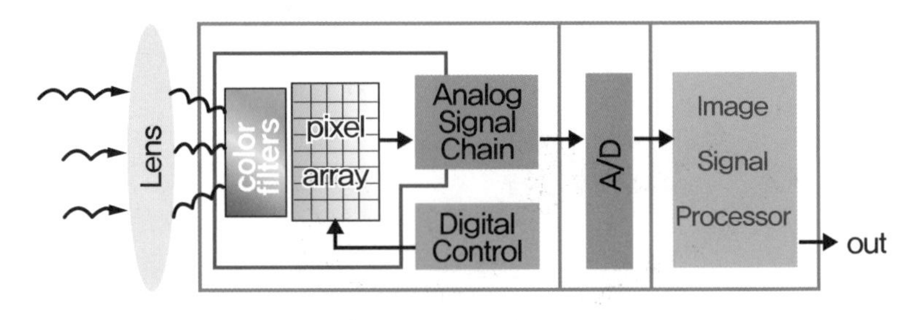

그림 2.17 카메라 센서 구조

이와 달리 CMOS 센서는 픽셀에서 빛 에너지 밝기에 따른 전기적 신호 생성이 즉시 가능하고, 이 정보를 기반으로 이미지 신호 처리기로 전달할 수 있어 카메라 센서의 집적도를 높일 수 있으므로 전력 소량이 낮으며, 제조 단가도 줄일 수 있는 장점을 가지고 있다. 다만, CCD 센서에 비해 신호 전송 속도가 빠르고, 화질과 감도가 떨어지는 단점을 가지고 있다.

표 2.1 이미지 센서 비교

구 분	CCD 센서	CMOS 센서
신호 원리	전하 (전자)	전기적 신호
화질 · 감도	우수	열세
잡음 특성	우수	열세
전력 소비	낮음	높음
제조 비용	높음	낮음

카메라 센서 원리

자율주행자동차는 3차원 공간을 주행하게 되지만 카메라 센서로 인지된 이미지는 2차원 공간으로 나타나게 된다. 이렇게 3차원에서 2차원으로의 투사 과정을 거치게 될 경우 기하학적 변환 오차가 발생하게 되어 이에 대한 보정 과정이 필요하게 된다. 카메라 센서 보정(Calibration)은 공간 차원으로 변환 및 복원 과정에서 발생하는 카메라 내부 변수(Intrinsic Parameter)들의 왜곡된 현상을 교정하는 전체 과정을 의미한다.

카메라 센서의 보정 과정 이해하기 위해 렌즈가 없는 핀홀(Pinhole) 카메라 모델을 이용한다. 이는 렌즈를 반영할 경우 카메라 모델 구조의 복잡도가 증가하고 렌즈에 의한 왜곡 현상을 반영하는데 어려움이 있기 때문이다. 3차원 이미지는 2차원 이미지 평면에 원근투영(Perspective Projection) 과정을 통해 얻을 수 있고 2차원 좌표는 아래의 식과 같이 표현할 수 있다. 카메라 센서에 맺힌 영상 평면(Image Plane)은 식(2.12)과 같으며, 3차원 실제 좌표계는 식(2.13)과 같이 표현할 수 있다.

$$[u \quad v \quad 1]^T \tag{2.12}$$

$$[x_w \quad y_w \quad z_w \quad 1]^T \tag{2.13}$$

그러므로 핀홀 카메라 모델에서의 좌표 변환은 식(2.14)와 같이 표현할 수 있다.

$$s\begin{bmatrix} u \\ v \\ t \end{bmatrix} = K[R \quad T]\begin{bmatrix} X \\ Y \\ Z \\ 1 \end{bmatrix} \tag{2.14}$$

여기서 (X, Y, Z)는 실제 세계 좌표계(World Coordinate System) 상의 3D 좌표계를 나타내고, K는 카메라 내부 변수를 나타낸다. 또한, 좌표계 X_w에서 카메라 좌표계 X_c로 회전 행렬은 R과, 변환 행렬 T를 의미한다.

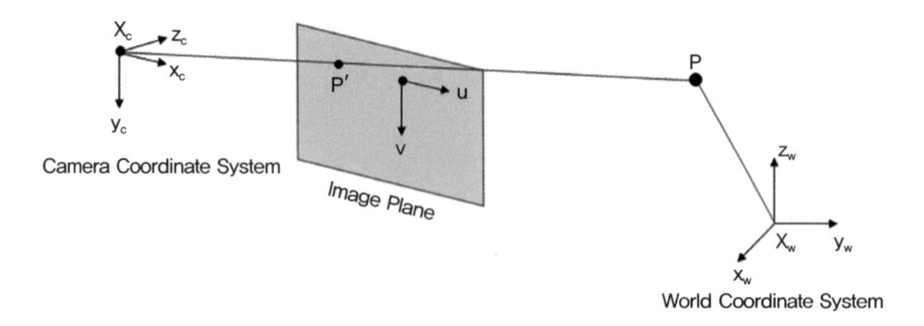

그림 2.18 핀홀 카메라 모델

특히, 카메라 내부 변수 K는 식(2.15)와 같이 정의할 수 있으며, f_x, f_y는 픽셀 단위의 초점 거리(Focal Length) , c_x, c_y는 픽셀 단위의 주점(Principal Point), s는 비대칭계수(Skew Coefficient)로서 카메라 센서가 기울어진 정도를 나타낸다.

$$\begin{bmatrix} f_x & s & c_x \\ 0 & f_y & c_y \\ 0 & 0 & 1 \end{bmatrix} \tag{2.15}$$

비대칭계수는 이미지 센서의 Cell Array의 y축으로 기울어진 정도를 나타내고 tan(α)로 계산된다.

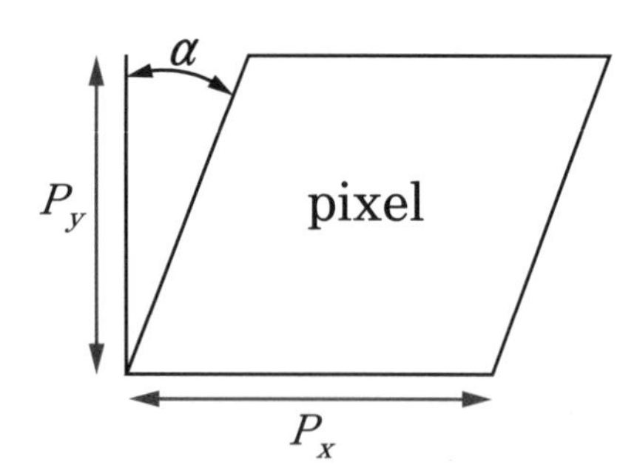

그림 2.19 카메라 내부 변수 비대칭 계수

식(2.14)에서 [R T]는 식(2.16)과 같이 표현할 수 있으며, 실제 세계 좌표계(World Coordinate)를 원점으로 카메라가 설치된 3차원 상의 상하좌우 위치와 자세(Yaw, Pitch, Roll)를 나타내며, 이는 카메라 외부 변수(Extrinsic Parameter)에 해당된다.

$$\begin{bmatrix} r_{11} & r_{12} & r_{13} & t_1 \\ r_{21} & r_{22} & r_{23} & t_2 \\ r_{31} & r_{32} & r_{33} & t_3 \end{bmatrix} \tag{2.16}$$

자율주행자동차에 사용되는 카메라 센서의 경우 체스 보드를 이용하여 바닥 지면과 수직 및 수평하게 만들고, 앞서 설명한 3차원 정보를 2차원 정보로 변환하는 과정속에 발생한 오염된 정보를 보정하는 과정이 필수적으로 진행되어야 한다.

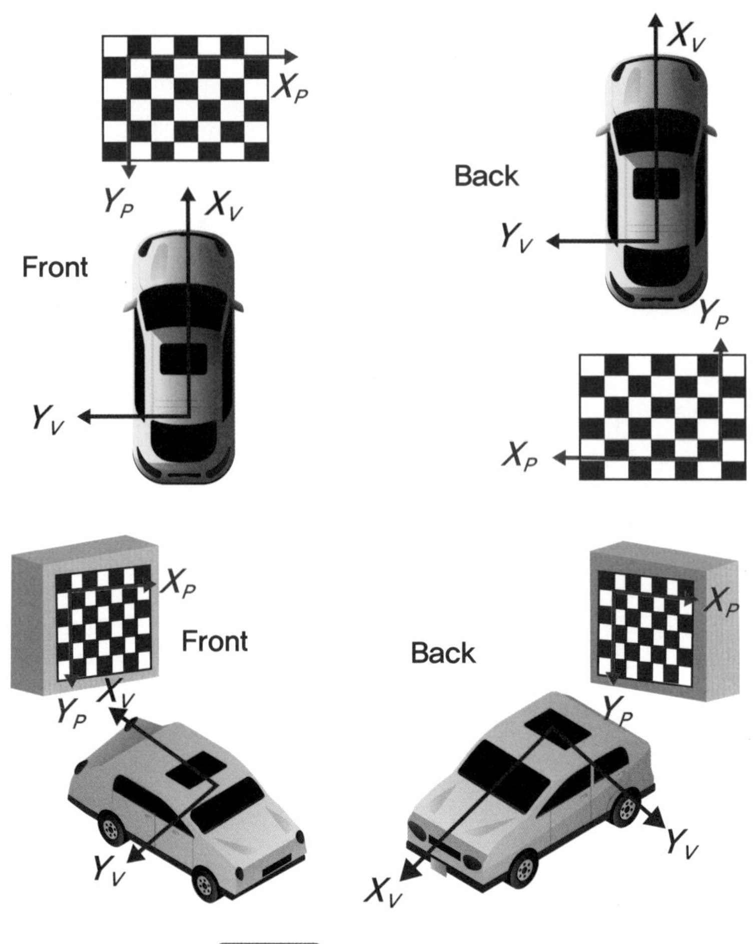

그림 2.20 카메라 센서 보정 단계

모노 카메라의 경우 물체의 바닥면을 최하선(Bottom Line)으로 설정하고, 소실점 등의 정보로 지평선을 수평선(Horizontal Line)으로 설정한다. 원점을 기준으로 카메라 설치 위치가 멀어짐에 따라 최하선과 수평선을 근접하게 된다. 실제 카메라가 설치된 높이 h_c, 물체의 바닥면 최하선의 수직 좌표값 y_b와 지평선 좌표값과 카메라가 설치된 자세값을 이용할 경우 물체와의 거리 z는 식(2.17)과 같이 구할 수 있다. 여기서 f는 초점 거리(Focal Length)를 나타낸다.

$$z = \frac{fh_c}{y_b - y_h} \tag{2.17}$$

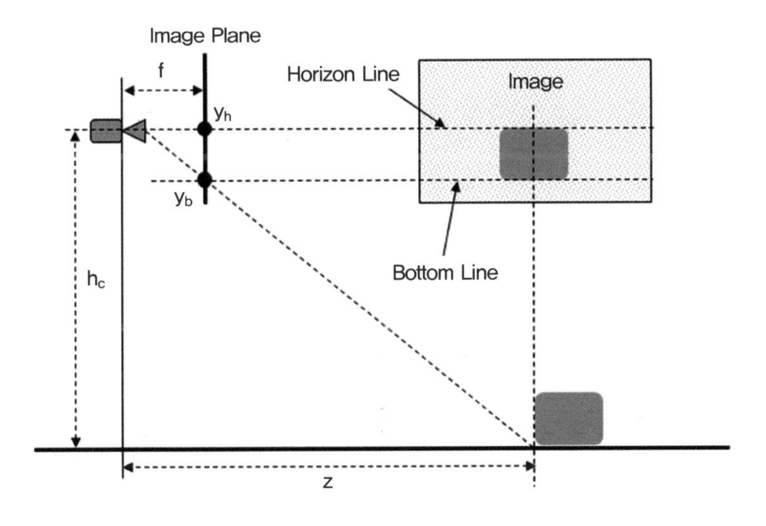

그림 2.21 모노 카메라 센서 거리 검출

모노 카메라에 설치 과정에 피칭(Pitching) 각도가 있을 경우는 물체와의 거리 z는 식(2.18)과 같이 구할 수 있다.

$$z = \frac{1}{\cos^2\theta}\frac{fh_c}{y_b - y_h} - h_c \tan\theta \tag{2.18}$$

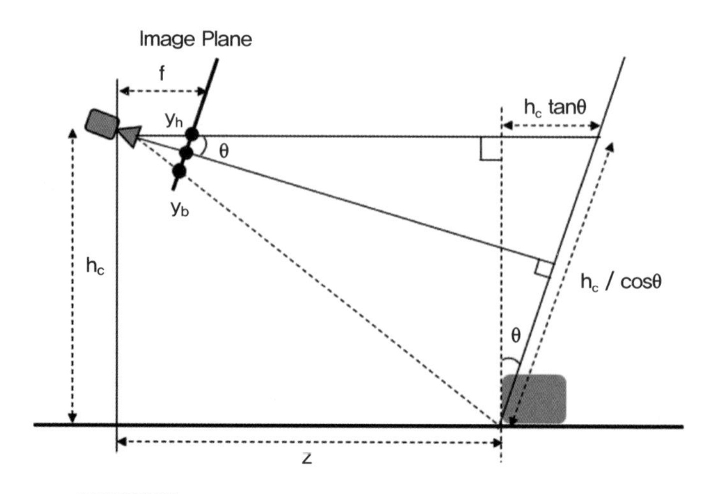

그림 2.22 피칭 각도가 반영된 모노 카메라 센서 거리 검출

두 대의 카메라 센서가 b만큼의 간격을 두고 위치하는 스테레오 카메라의 경우 좌표 삼각형 합동의 원리에 의해 식(2.19)와 식(2.20) 같이 표현할 수 있다. 이를 통해 3차원 공간상의 P까지의 거리 z는 식(2.20)과 같이 구할 수 있다. 여기서 d는 $X_L - X_R$은 시차(Disparity)로 정의된다.

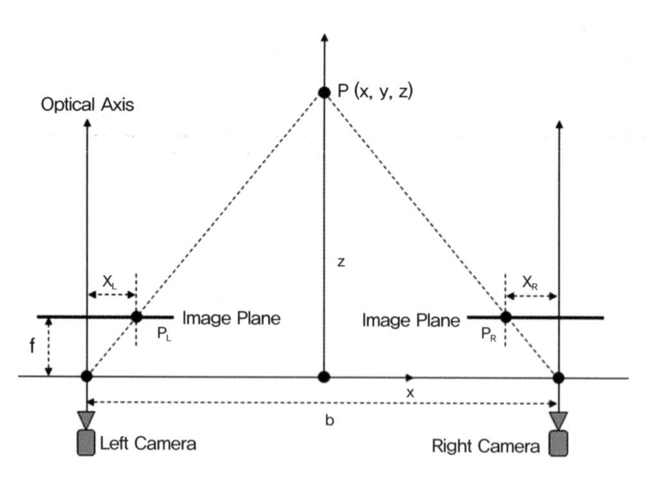

그림 2.23 스테레오 카메라 거리 검출

$$\frac{b}{z} = \frac{(b + x_R) - x_L}{z - f} \quad (2.19)$$

$$z = \frac{bf}{x_L - x_R} = \frac{bf}{d} \quad (2.20)$$

카메라 센서는 현재 차량이 주행하는 도로 형상에 따른 위치 정보를 출력하게 되는데 이 정보는 식(2.21)과 같은 다항식의 형태로 나타낸다. 여기서 a는 차량과 차선 간의 거리, b는 입사각, c는 차선의 곡률, d는 곡률의 변화량을 나타낸다.

$$y(x) = a + bx + cx^2 + dx^3 \quad (2.21)$$

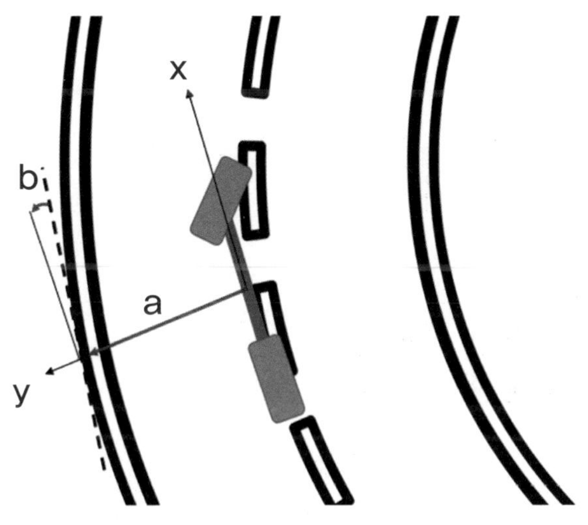

그림 2.24 카메라 센서 차량 위치 정보

카메라 센서의 경우 이미지 센서의 화소 위에 색상 필터 배열(Color Filter Array) 및 베이터 필터(Bayer Filter) 등을 놓고 투과 시킬 경우 빛의 삼원색인 RGB(Red Green Blue)를 추출하여 색상을 구현할 수 있다. 사람의 눈은 녹색(Green)에 가장 민감하게 반응하고 파란색(Blue)이 가장 둔감하게 반응하므로 베이어 필터의 경우 RGB 패턴의 비율을 50 (%) : 25 (%) : 25 (%) 가 되도록 배열하게 된다.

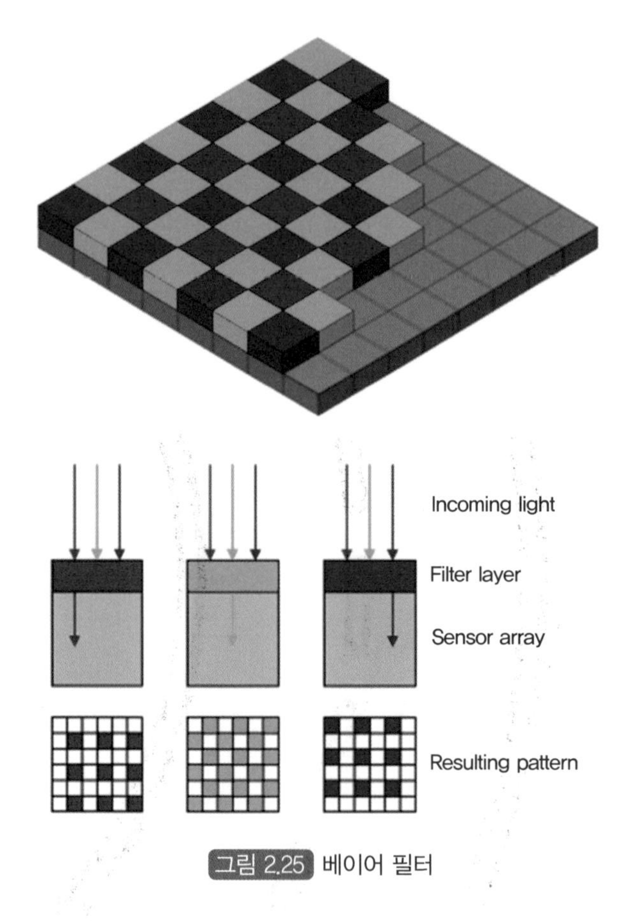

그림 2.25 베이어 필터

사람의 눈에서 인식할 색상은 RGB의 적절한 조합으로 모든 색상을 만들어 낼 수 있으며, 0 ~ 255 사이값으로 나타낼 수 있으며, RGB의 값이 (255, 0 ,0)일 경우 빨간색, (0 , 255, 0)일 경우 녹색, (0, 0, 255)일 경우 파랑색으로 나타나게 된다. RGB가 모두 가산 혼합될 경우 (255, 255, 255)로서 백색으로 표현된다.

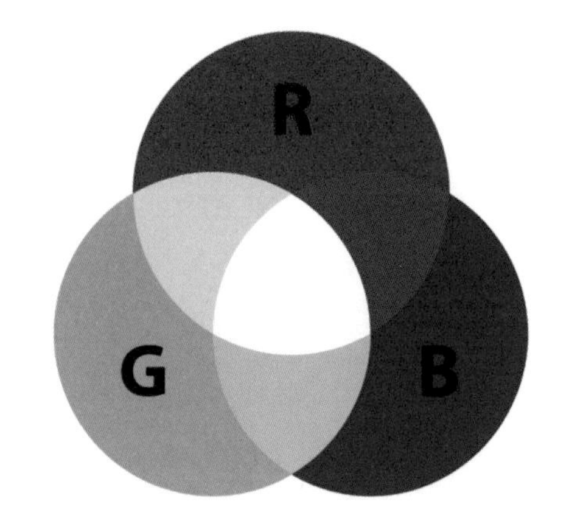

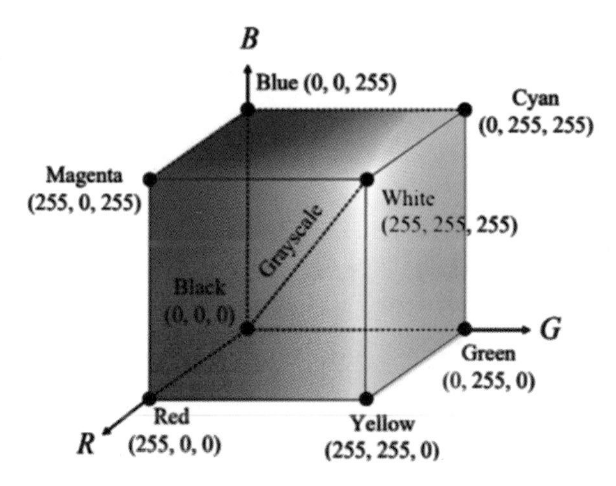

그림 2.26 이미지 센서 색상 정보

카메라 센서를 이용하여 색상을 구분할 경우 도로 노면에 있는 노란색 중앙차선, 파란색의 버스전용차로와 노란색 안전지대 등을 구분할 수 있다. 또한, 자율주행자동차 주행 중 후방에 출현한 소방차, 구급차 및 경찰차 등의 긴급 차량을 후방 카메라 센서를 이용하여 상황을 인식할 수 있어 자동 차선 변경 제어를 통한 양보 운전이 가능해진다.

3.2 특징

카메라 센서 장점 및 단점

2010년 중반부터 세계 각국에서 NCAP(New Car Assessment Program) 획득을 위해 ADAS 기능이 활발해지며 카메라 센서의 적용이 확대되었다. 카메라 센서는 센서 자체의 출력 에너지가 아닌 태양의 밝기 에너지와 같은 외부 환경적 에너지를 이용하여 반사되는 정보를 수신하는 수동형(Passive) 센서에 해당된다. 이런 이유로 시간, 먼지 및 비 등의 외부 환경 변화에 취약한 단점을 가지고 있다.[9] 특히, 새벽 시간에 카메라 센서로 감광되는 빛에 의한 역광 조건과 저녁 시간에는 인지 성능이 저하되고, 비가 오는 날씨에서는 와이퍼 움직임에 따른 별도의 이미지 신호 처리가 추가되어야 하는 한계를 가지고 있다. 또한, 눈이나 먼지 등으로 렌즈 분위가 물리적으로 가려질 경우 인식 성능을 유지할 수 없다.

그러나 카메라 센서는 다른 센서들과 다른 특징을 가지고 있는데 형태, 색상 및 표면의 질감 등을 인식할 수 있는 유일한 센서이다. 이와 달리 레이더와 라이다 센서는 높은 해상도의 거리값을 출력할 수 있는 반면 체의 형상을 인지하는 데는 한계가 있다. 하지만, 카메라 센서는 대상 물체에 대한 객체 종류와 색깔 인식이 가능하다. 이런 이유로 차선, 표지판, 보행자, 자동차 및 신호등 등을 인식하는데 많이 활용되고 있다.

그림 2.27 카메라 센서 인식 가능 물체

카메라 센서의 경우 사물의 종류와 형태 인식이 가능하고 다소 정확도는 부족하지만 객체와의 상대 거리 인식이 가능할 뿐만 아니라 가격 경쟁력까지 확보하고 있어 카메라 센서만을 사용하여 ADAS 기능 및 자율주행 기능을 구현하려는 연구 및 개발이 꾸준히 진행 중이다.

객체 인식 및 주행 경로 추정 등 자율주행자동차의 다양한 분야에서 활용하기 위한 머신러닝(Machine Learning) 및 딥러닝(Deep Learning) 분야에도 가장 적합한 센서를 꼽으라면 단연코 카메라 센서가 이에 해당 될 것이다.

4 라이다 센서

자율주행자동차 연구와 개발이 진행되며 차량에 새롭게 적용된 센서이다. 라이다(LiDAR : Light Detection And Ranging)는 에너지 밀도가 높은 고출력의 레이저(LASER : Light Amplification by Stimulated Emission of Radiation) 펄스를 송신하고 목표물에 맞고 되돌아오는 시간을 측정하여 사물까지의 거리, 방향 및 속도 등을 감지할 수 있는 센서이다. 라이다 센서는 초당 수 백만 개의 달하는 레이저빔을 송수신하므로 높은 인지 해상도로 정확하고 빠른 신호 처리가 가능하지만 양산형 차량에 적용하기에는 아직까지 가격 경쟁력이 부족한 센서에 해당된다. 현재 가격이 낮아지고 있는 추세에 있으나 실제 차량에 적용하기 위해서는 다소 무리가 있고, 내구성, 성능 유지 및 차량의 디자인을 훼손하는 한계를 가지고 있다. 자율주행자동차 한 대에 복수 개의 라이다 센서가 장착될 것을 예상할 경우 수 십만원 대의 수준에서 양산 가능해야 실제 자율주행자동차에 적용이 가능할 것이다.[10]

(a) 회전형 라이다 센서

(b) 고정형 라이다 센서

그림 2.28 라이다 센서

4.1 구조 및 원리

라이다 센서 구조

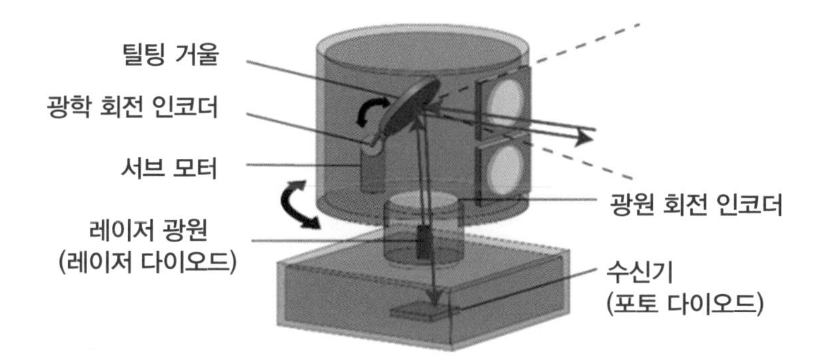

그림 2.29 회전형 라이다 센서 구조

회전형 라이다 센서의 송신부는 레이저 다이오드를 활용하여 레이저 빔을 송신하고, 틸팅(Tilting) 거울을 통해 방향이 조정된 레이저를 포토다이오드를 통해 수신되게 된다. 아래의 그림과 같이 라이다 센서 내부의 서보 모터를 이용하여 공간적으로 360 (°) 회전이 가능하며, 차량을 중심으로 원하는 측정 방향으로 레이저를 선택적으로 송수신할 수 있다. 기구적으로 회전하는 라이다 센서의 경우 보통 차량의 지붕(Roof)에 장착하여 전방향(Omnidirectional)으로 사물의 유무와 거리 및 방향 등의 정보를 인지하게 된다. 다만, 차량 지붕에 설치하여 도로 위의 물체를 인식하기 위해 각도를 하향 조정할 경우 인지 거리가 짧아지는 한계를 가지게 된다.

표 2.2 회전형 라이다 센서 사양

구분	사양
채널 수	64 (Ch)
인지 거리	~ 120 (m)
인지 정확도	±2 (cm)
FOV (Vertical)	±2 ~ −24.9 (°)
각도 해상도 (Vertical)	0.4 (°)
FOV (Horizontal)	360 (°)
각도 해상도 (Horizontal/Azimuth)	0.08 (°) / −0.35 (°)

※ FOV : Field of View

고정형 라이다 센서의 경우 레이저 광원을 기구적으로 회전시키는 모터가 없으며, 수직 방향으로 30 (°) 범위 안에서 16개 채널이 2 (°) 단위의 해상도로 스캐닝(Scanning)하는 형태를 가지고 있다. 고정형 라이다의 상세 사양은 아래의 표와 같다.

표 2.3 고정형 라이다 센서 사양

구분	사양
채널 수	16 (Ch)
인지 거리	~ 100 (m)
인지 정확도	±3 (cm)
FOV (Vertical)	+15 ~ −15 (°)
각도 해상도 (Vertical)	2.0 (°)
FOV (Horizontal)	360 (°)
각도 해상도 (Horizontal/Azimuth)	0.1 (°) / −0.4 (°)

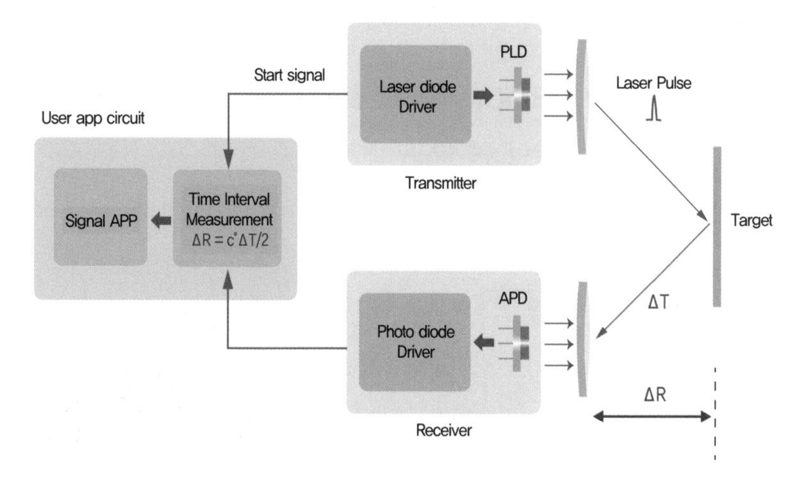

(a) 고정형 라이다 센서 구조

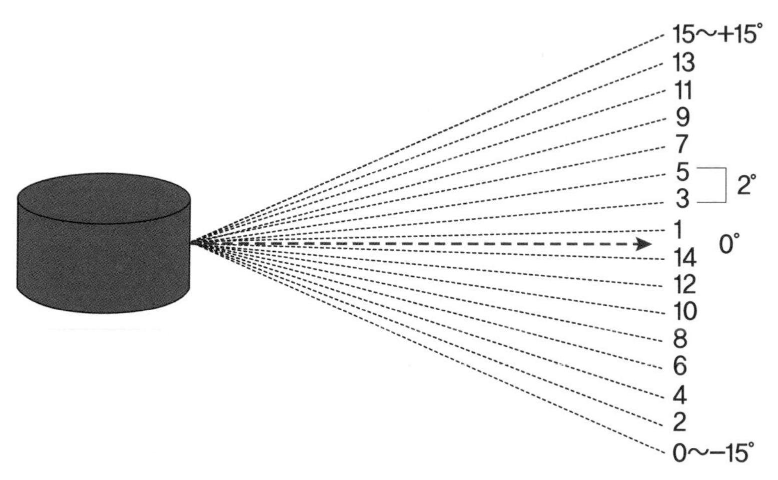

(b) 고정형 라이다 센서 16 채널 구성

그림 2.30 고정형 라이다 센서 구조 및 채널 구성

라이다 센서 원리

라이다 센서를 이용하여 물체와의 거리 측정이 가능하며, 식(2.6)을 이용한 TOF 원리를 이용한다.[11]

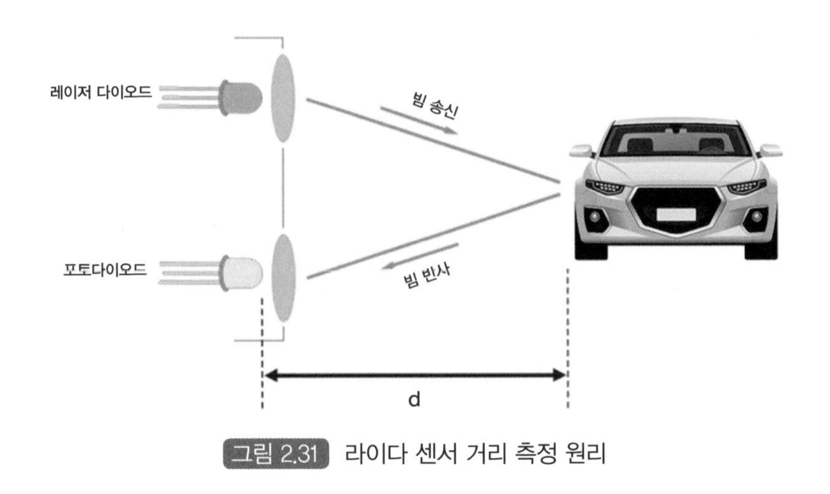

그림 2.31 라이다 센서 거리 측정 원리

4.2 특징

라이다 센서 장점 및 단점

라이다 센서는 고해상도 매핑 정보를 통해 사물의 유무 검출, 거리 및 방향 정보를 높은 해상도로 인식할 수 있다. 레이더 센서와 같이 능동형 센서에 해당되므로 주간과 야간 등의 태양의 밝기 에너지에 무관하게 인지 성능을 유지할 수 있다. 특히 레이저 빔 분사기(Beam Spreader)와 배열 수신 칩(Array Receiver Chip)을 사용할 경우 3D 형태의 객체 맵핑이 가능하여 카메라 센서에 상응하는 형태의 물체 인식으로 신호 처리가 가능하다. 물체로부터 반사되어 수신되는 레이저의 전력 밀도(Power Density)로부터 카메라 센서와 유사한 칼라 색깔 형태의 3D 이미지를 생성할 수 있어 거리 정보와 함께 객체의 형태 인식이 가능한 장점을 가지고 있다.

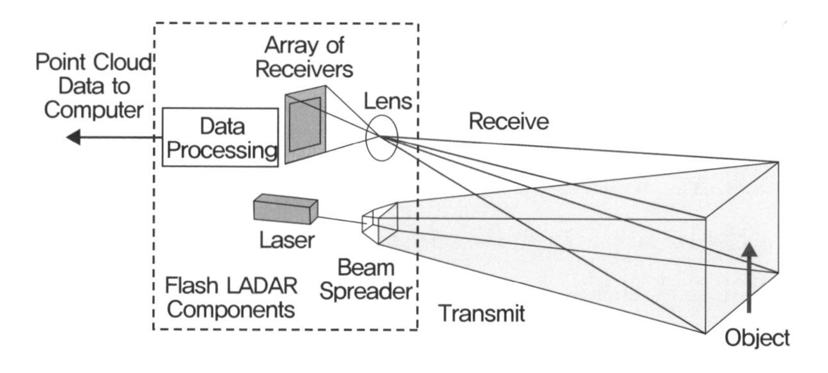

그림 2.32 3D 라이다 센서 구조

그림 2.33 라이다 센서 3D 입체 인지 환경

레이저 빔의 회절이 발생할 수 있는 안개, 비, 눈 및 먼지 등의 기상 환경에 민감하며, NLOS 환경 조건에서 가려진 물체를 투과할 수 없어 물체를 감지할 수 없고, 가격이 높은 단점을 가지고 있다.

5 초음파 센서

초음파(Ultrasonic) 센서는 사람의 가청 주파수인 20~20,000 (Hz) 이상의 높은 주파수를 범위의 음파이다. 일반적으로 자동차 산업에서 사용되는 주파수는 40,000~50,000 (Hz) 대역이 사용되고 있다. 차량의 앞뒤 범퍼(Bumper)에 장착되어 주차 공간에서 주차 벽면과 보호대를 인지하는데 사용된다. 또한 자율주행자동차 분야로는 전후방에 출현한 근거리 보행자와 동물 등을 인지하는데 활용이 가능하다.[12]

그림 2.34 초음파 센서

5.1 구조 및 원리

초음파 센서 구조

음파는 탄성력을 가지고 있는 물체의 매질을 통과하는 과정속에서 압력의 변화 또는 입자의 변위가 주기적으로 발생하게 된다. 이런 물리적 특정을 이용한 초음파 센서는 두 가지 형태로 나눌 수 있다. 압전 효과(Piezsoelectric Effect)와 정전 효과(Capacitance Effect)를 이용하여 초음파를 송신하고 수신하는 과정속에서 압축과 팽창의 변형력으로 인해 전기적 에너지가 발생하게 되고, 신호처리 과정을 거쳐 거리를 측정하게 된다. 이 중에서 자동차 산업에서 광범위하게 사용되고 있는 것은 압전 소자를 이용한 방식이다. 수정, 티탄산 지르콘산 연(PZT) 및 티탄산 바륨(BaTiO3) 등의 압전 재료에 힘을 가하면, 내부에서 전기분극이 발생하게 되고, 결정 표면에는 전하가 발생하게 된다.

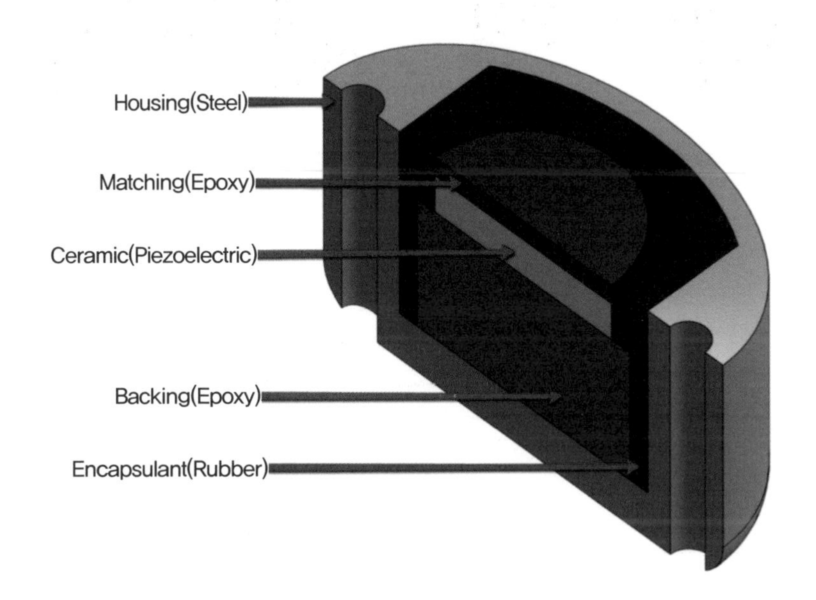

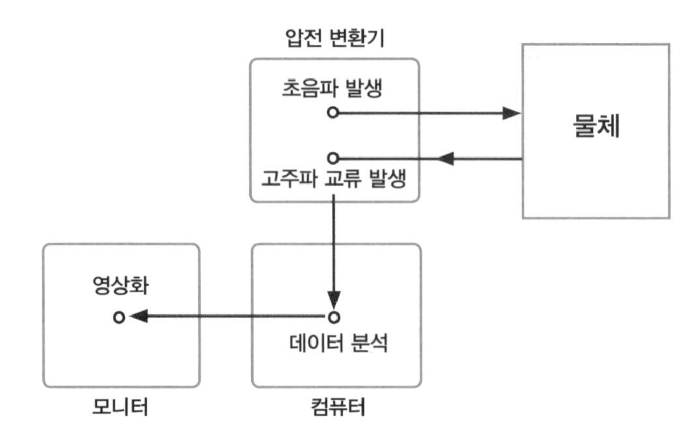

그림 2.35 입전 효과 기반 초음파 센서 구조

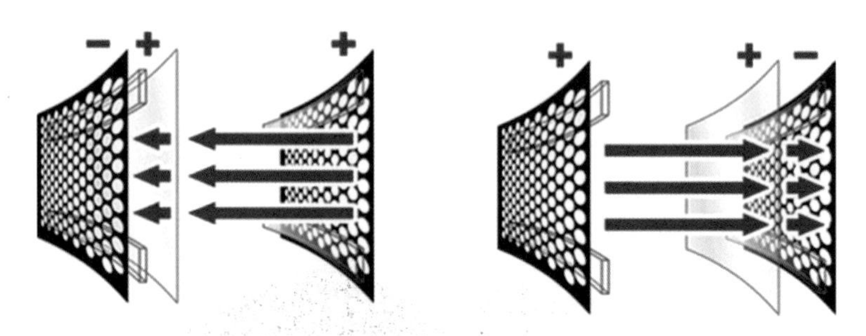

그림 2.36 정전 효과 기반 초음파 센서 구조

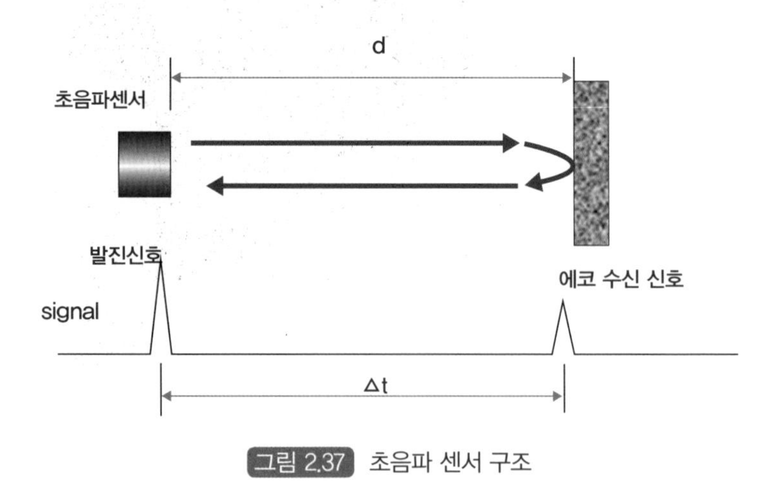

그림 2.37 초음파 센서 구조

초음파 센서 원리

초음파 센서를 이용하여 거리를 측정하는 방법은 레이더 센서와 동일한 식(2.6)의 TOF 원리가 적용된다. 송신된 초음파가 물체에 맞고 돌아오는 반사된 시간차 정보로 거리 측정이 가능하고, 여기서 초음파의 속도 (c)는 343.2 (m/s) 이다.

5.2 특징

초음파 센서 장점 및 단점

초음파 센서는 투명한 물체, 반사체의 매질 및 작은 물체 등의 특징에 상관없이 모든 객체들의 유무와 거리를 비교적 높은 신뢰도로 인식할 수 있다. 낮과 밤 등의 조도 영향도가 없으며 먼지 또는 안개와 같은 가혹한 환경에서도 정확한 거리값을 출력할 수 있다. 송수신기를 하나의 모듈 형태로 구성할 수 있고, 가격이 매우 저렴하며 기술적 완성도도 매우 높아 내구성과 안정성이 검증된 센서이다.

그러나, 고속주행 조건에서는 측정이 어렵고 감지 거리가 15 (m) 이하 수준으로 짧은 단점을 가지고 있다. 다른 센서들과 달리 공기 온도에 대한 영향도를 가장 많이 받는 센서로서 공기 온도 1 (℃) 변화에 따라 초음파의 속도는 약 0.17 (%) 느려져 거리 계측의 오차가 발생하는 한계점을 가지고 있다.

6 GPS

1970년대부터 군사적 목적으로 미국에 의해 개발된 GPS(Global Positioning System)는 고도 20,200 (km) 높이에서 지구 궤도를 돌고 있는 인공위성이 송신하는 전파를 통해 GPS 수신기를 보유한 사용자의 위치와 속도 정보를 제공하는 시스템이다. 6개의 궤도에 4개의 위성이 60 (°) 간격으로 배치되어 있다. 적도면을 기준으로 약 55 (°)의 궤도 경사각을 가지고 있어 지구내에서 음영 지역 없이 최소 5개 ~ 8개 이상의 위성들에서 송신하는 전파를 수신할 수 있도록 설계되었다. GPS 위성들은 6개의 궤도를 정확히 하루에 두 번의 주기로 지구 주위를 공전한다. GPS는 현재 미국 공군에서 전체 시스템에 대한 관리 유지를 맡고 있으며, 전 세계 어느 곳에서나 GPS 수신기가 있다면 무료로 사용이 가능하다. GPS 위성의 수명은 약 8년 정도이므로 주기적인 교체가 필요하다.

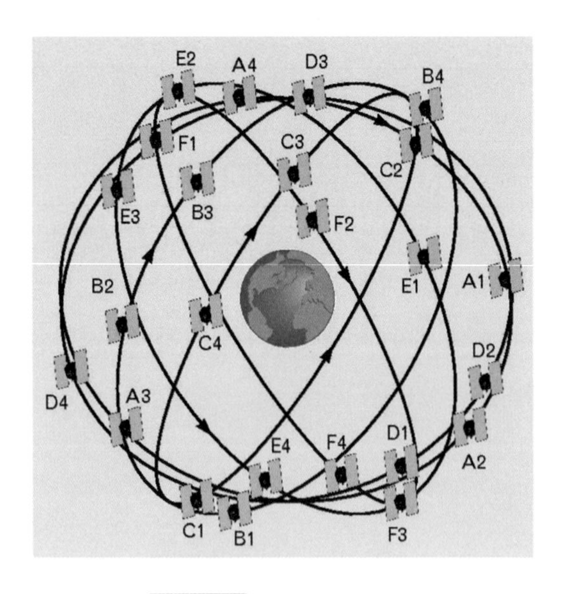

그림 2.38 GPS 위성 배치도

6.1 구조 및 원리

GPS 구조

GPS 위성은 시간, 위치 및 방위 등의 데이터를 지상으로 송신하기 위해 L 대역 주파수를 이용하게 되며, 반송파(Carrier Frequency) 주파수로 중심주파수가 1575.42 (MHz) 인 L1과 1227.60 (MHz) 인 L2 주파수, 1176.45 (MHz) 인 L5 주파수가 사용한다. GPS 위성 내부에는 세슘과 루비듐으로 이루어진 3 ~ 4개의 원자시계(Atomic Clock)가 적용되어 있다.[13] 1967년 표준 시간의 최소 단위인 초를 정함에 있어 세슘(Cs) 원소의 방사 주기인 9,192,631,770 진동수를 1 (s)로 정의하였다. 세슘 133 원자시계의 경우 3,000만 년에 1 (s), 루비듐(Rb) 원자시계의 경우 10억 년에 1 (s)의 정도의 오차가 발생하는 매우 정밀한 시계로 구성되어 있다.

최근에는 스트로튬(Sr) 원자를 이용하여 3,000억 년에 1 (s)의 오차가 발생하는 원자시계가 미국에서 개발되기도 하였다. 이처럼 고정밀 시계가 적용되어야 하는 이유는 초당 300,000 (km)의 속도로 이동한 전파의 속도로 인해 아주 미세한 시간의 오차가 큰 거리 오차를 만들어 내기 때문이다.

그림 2.39 GPS 원자시계

GPS 위성의 L1 (1575.42 (MHz) = 154배 × 10.23 (MHz)), L2 (1227.60 (MHz) = 120배 × 10.23 (MHz)) 및 L5 (1176.45 (MHz) (115배 × 10.23 (MHz)) 반송파에 실려서 전송되는 항법 메시지(Navigation Message)는 1,500 (bit)의 길이를 가지고 있으며 30 (s) 동안 1개의 메시지 프레임이 전달되는 50 (bps)의 전송 속도를 가지고 있다. 원격측정 워드(TLM : Telemetry Word)는 30 (bit)로 구성되어 있으며, 각 서브 프레임은 수신기에서 서브 프레임의 시작을 감지 및 탐색하여 서브 프레임이 시작되는 수신기 시작을 결정하는데 사용된다. 핸드오버 워드(HOW : Hand Over Word)는 서브 프레임의 시각 정보를 포함하고 있으며, 30 (bit)로 구성된다. 항법 메시지들은 GPS 위성의 원자시계의 시각 및 오차와 위성의 상태 정보 뿐만 아니라 궤도를 구성한 모든 위성들의 궤도 정보와 상태(Almanac), 각각의 궤도 정보와 이력(Ephemeris) 및 오차 보정을 위한 계수 등을 포함하고 있다.

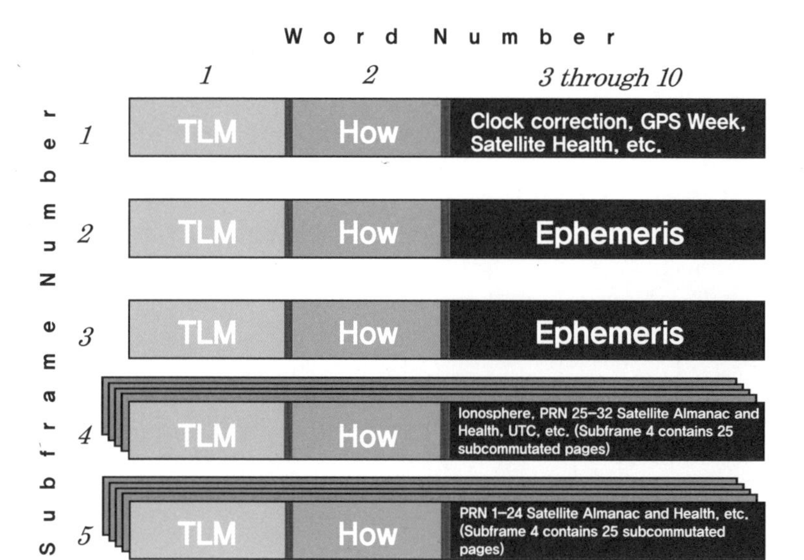

그림 2.40 항법 메시지 구조

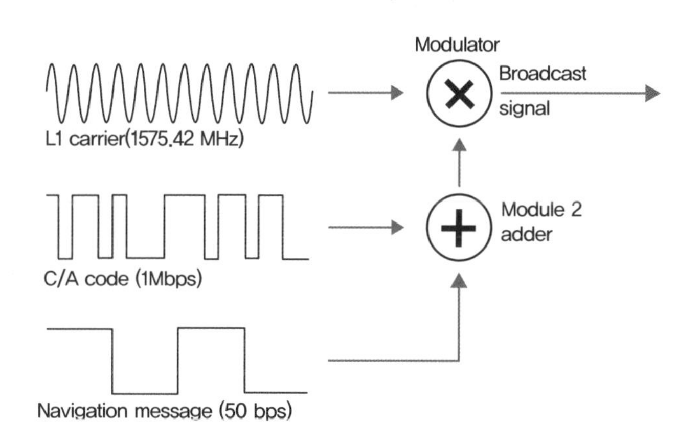

그림 2.41 GPS 발신기 구조

GPS 송신기에서는 앞서 설명한 항법 메시지와 C/A(Coarse/Acquisition) 코드와 합쳐진 변조 데이터를 L1 및 L2 등의 반송파 주파수에 실어서 송신하게 된다. C/A 코드에는 의사잡음부호(PRN : Pseudo Random Noise)가 포함되어 있으며, 수신 과정에서 실시되는 메시지 해독 과정 및 궤도 계산 등의 복조하는 프로세싱 진행 시 항법 메시지를 복원하게 된다. GPS 수신기의 대략적인 구조는 아래의 그림과 같다.

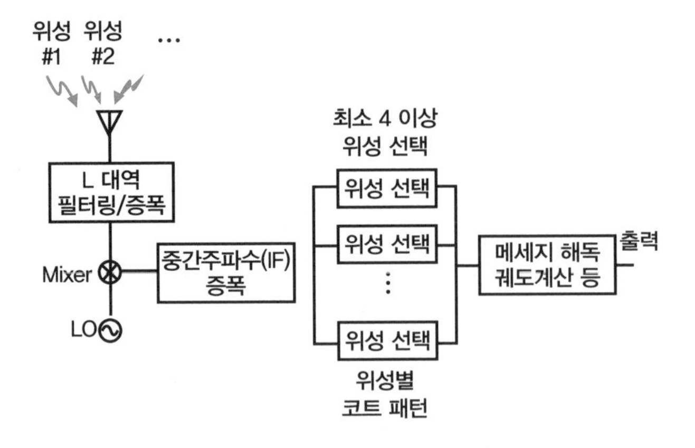

그림 2.42 GPS 수신기 구조

GPS 원리

3개 이상의 GPS 위성을 이용하여 수신기에서 각각의 위성까지의 거리 측정을 기반으로 한다. 각각의 GPS 위성에는 매우 정확한 시간 간격으로 주기적인 위성 시간과 위치 정보를 송신한다. 이런 신호로부터 GPS 수신기가 있는 위치와 시간은 아래 식으로 구할 수 있다.

$$\sqrt{(x-x_1)^2+(y-y_1)^2+(z-z_1)^2} = (t_{GPS1-r}-t_{off}-t_{GPS1-s})c$$

$$\sqrt{(x-x_2)^2+(y-y_2)^2+(z-z_2)^2} = (t_{GPS2-r}-t_{off}-t_{GPS2-s})c$$

$$\sqrt{(x-x_3)^2+(y-y_3)^2+(z-z_3)^2} = (t_{GPS3-r}-t_{off}-t_{GPS3-s})c$$

$$\sqrt{(x-x_4)^2+(y-y_4)^2+(z-z_4)^2} = (t_{GPS4-r}-t_{off}-t_{GPS4-s})c \tag{2.22}$$

여기서 t_{GPSn-r}은 GPS 수신기의 시계로 측정된 GPS 수신 도달 시간이고 는 GPS 위성의 원자시계와 GPS 수신기 시계의 시간 오차이며, t_{GPSn-s}는 GPS 위성이 신호를 보내는 시점을 나타낸다. (전파 속도 : 299,792,458 (m/s))

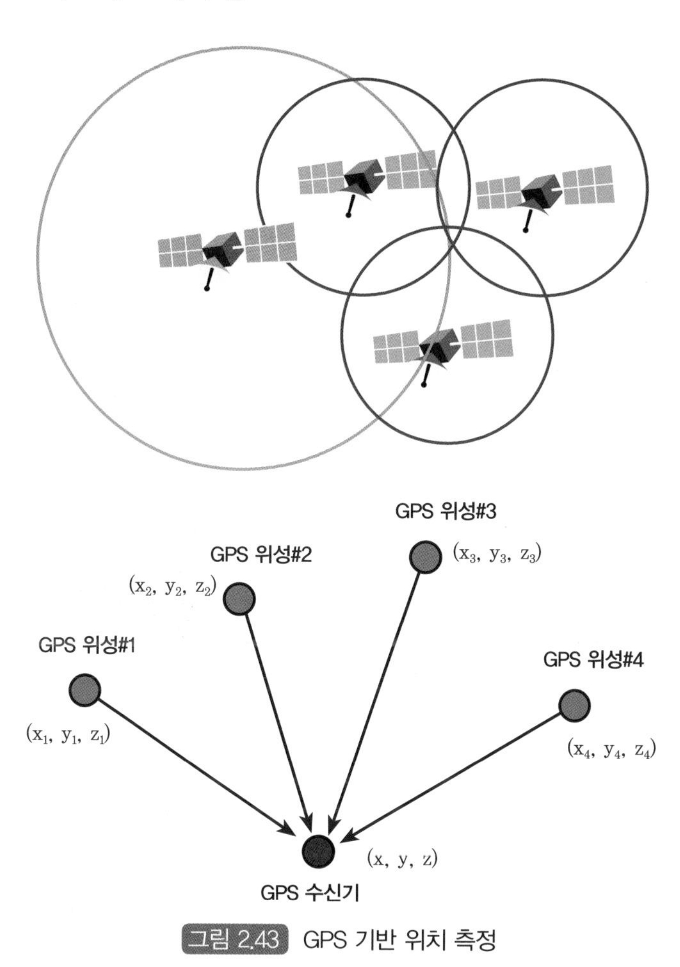

그림 2.43 GPS 기반 위치 측정

6.2 특징

GPS 장점 및 단점

GPS는 태양 흑점 폭발 등의 특이 요인을 제외하고 날씨 및 시간 등의 환경적 영향도 적으며, 세계 어느 곳에서나 무료 사용이 가능하다. GPS 수신기의 경우 가격 경쟁력이 높아 차량 적용이 가능하며, DGPS(Differential GPS)를 적용할 경우 1 ~ 2 (cm) 수준의 높은 거리 및 위치 정밀도를 유지할 수 있는 장점을 보유하고 있다.

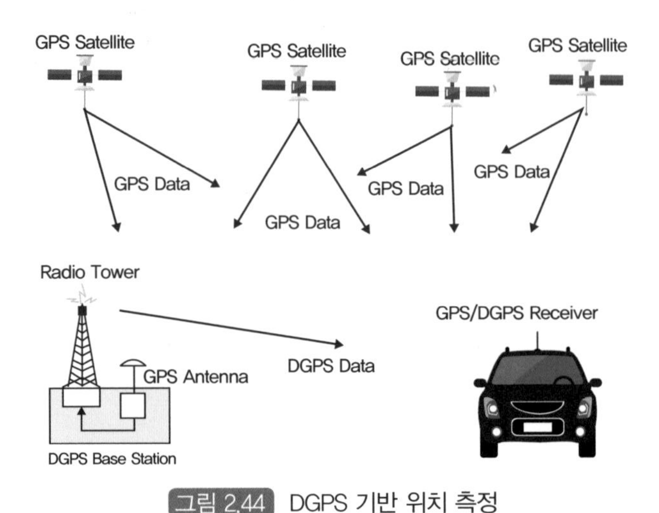

그림 2.44 DGPS 기반 위치 측정

하지만, GPS의 경우 다른 전파 간섭에 취약하고 터널, 지하차도, 지하 주차장, 실내 주차장 및 고층 빌딩 사이에 있을 경우 위성 신호를 수신하지 못해 차량의 위치와 시간 정보를 받을 수 없게 된다. 따라서 IMU(Inertial Measurement Unit) 센서의 헤딩(Heading) 각도 및 가속도 정보를 이용하여 미수신된 GPS 위성 신호를 대체하기도 한다.[14]

7 V2X

Vehicle to Everything(V2X)은 자율주행자동차의 차량 내부 네트워크 통신망과 이동 객체 및 다양한 인프라와 무선 네트워크 또는 클라우드 형태의 통신망을 통해 운행에 필요한 정보를 교환하는 기술이다. 레이더 센서, 카메라 센서, 라이다 센서 및 GPS 등을 자율주행자동차를 중심으로 객체와 도로 환경을 인식할 수 없는 상황이 발생하게 된다.[15] 곡률이 심한 도로, 차선이 지워진 도로, 기상 악천후 상황 또는 물리적인 센서 가림이 발생할 경우 자율주행자동차의 안전한 주행과 보행자를 보호할 수 없는 상황이 발생하게 된다. V2X 기술을 활용할 경우 이와 같은 한계 사항을 극복할 수 있게 된다. 이런 이유로 자전거, 이륜차 및 다양한 형태의 보행자가 공존하는 도심 도로 주행 환경에서 V2X 기술이 구현되지 않을 경우 자율주행은 현실적으로 불가능할 것이다.

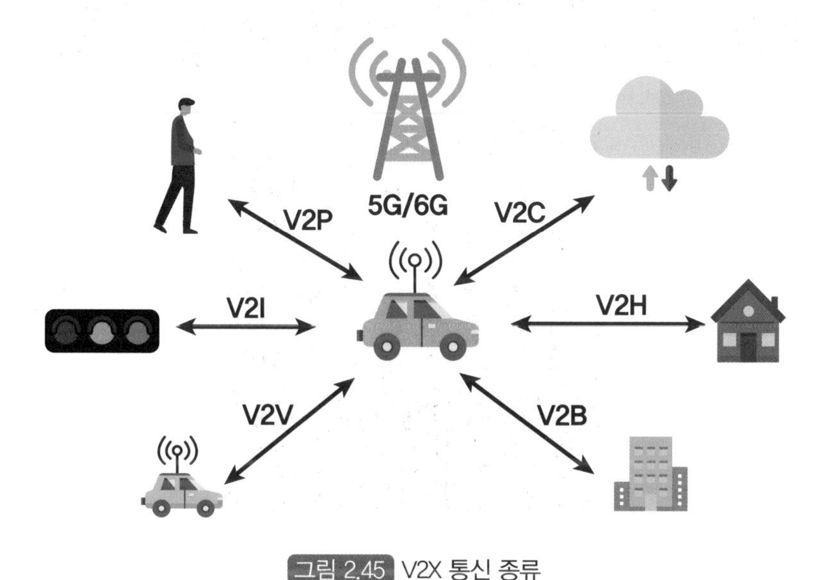

그림 2.45 V2X 통신 종류

V2X는 자율주행자동차와 정보를 주고 받는 그 대상의 종류에 따라 나눠질 수 있는데, 그중 대표적인 유형을 구분하면 차량 대 차량 통신 V2V(Vehicle To Vehicle), 차량 대 보행자 통신(Vehicle To Pedestrian)과 차량 대 인프라 통신(Vehicle To Infrastructure)으로 나눠진다. 최근에는 V2X 기술과 GPS 및 UWB(Ultra Wideband) 기술이 접목되어 V2X 통신 음영 지역과 센서의 사각 지역 안에서도 자율주행 기술이 서비스될 수 있는 관련 기술이 연구 개발 중이다.

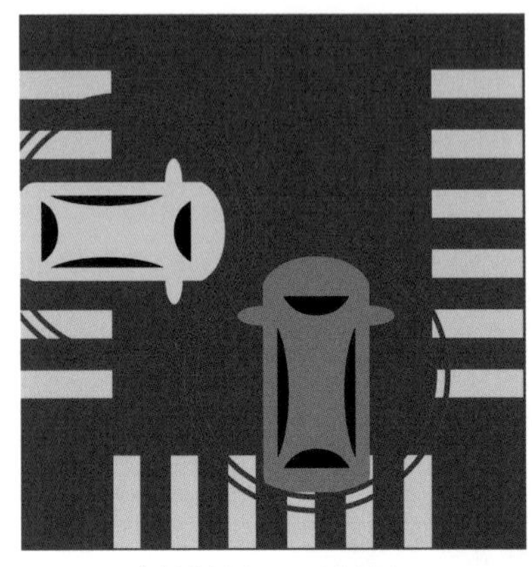

(a) Vehiclce to Vehicle

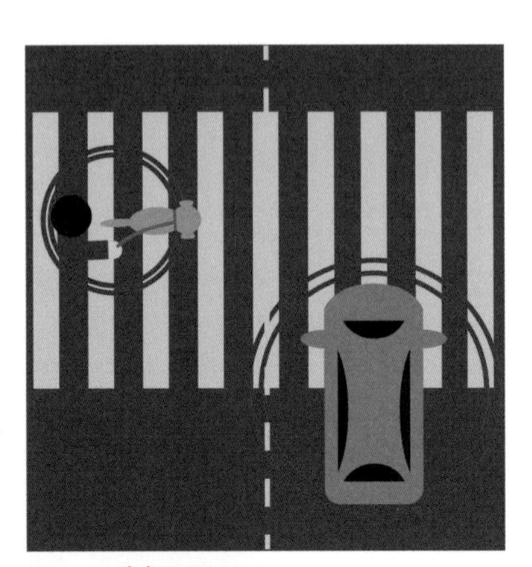

(b) Vehicle to Pedestrian

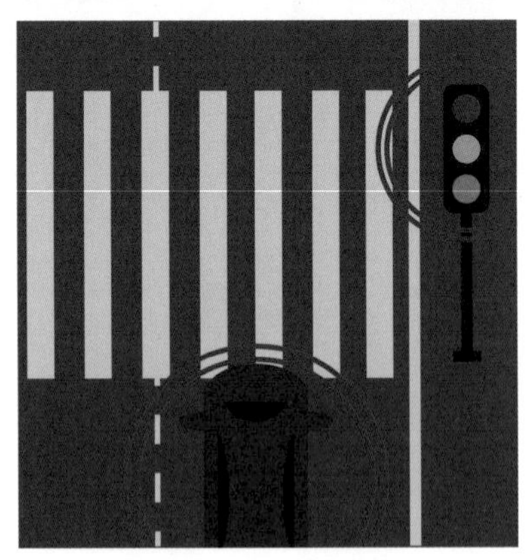

(c) Vehicle to Infrastructure

그림 2.46 V2X 통신 종류

V2V Vehicle To Vehicle

V2V는 차량간 통신 기술로서 자율주행자동차를 중심으로 근방의 다른 차량들과 단거리 전용 통신(DSRC : Dedicated Short Range Communication)을 이용하여 각각의 정보를 교환하는 기술이다. 각각의 차량들은 개별적으로 정의된 차량 ID를 기준으로 위치 정보와 속도 및 조향각도 등의 주행 정보를 서로 교환하게 된다. 이런 정보를 기반으로 주변 차량과의 안전한 주행 거리 확보가 가능해지며 센서만을 이용하여 인식할 수 없는 교차로 추돌, 오르막길 주행 중 내리막길 선행 차량 정지 상태, 대형차 가림으로 인한 선선행차량의 급감속 등의 주행 돌발 상황에 대한 예측 제어가 가능해진다.

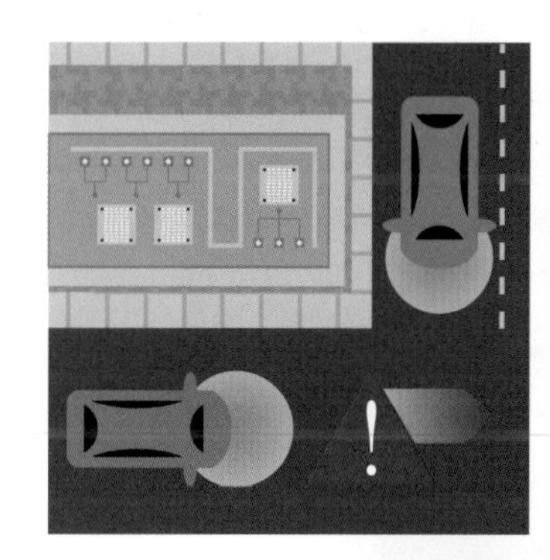

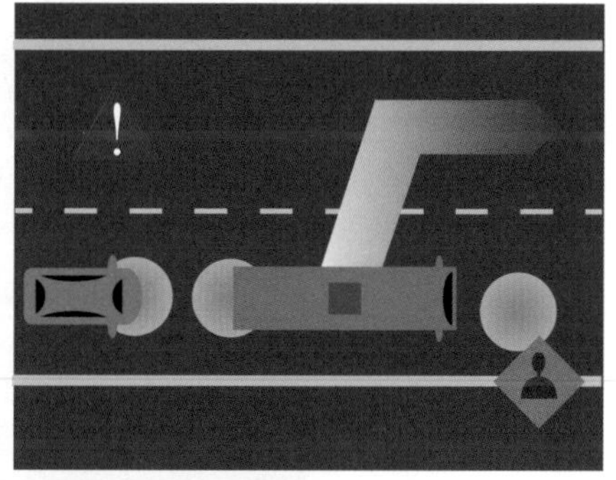

그림 2.47 V2V 기술 활용 시나리오

V2P Vehicle To Pedestrian

V2P는 차량과 보행자 간의 통신 기술로서 자율주행자동차를 중심으로 위치한 보행자의 위치, 헤딩 정보와 속도 등의 정보를 교환하게 된다. 교차로 시작 시점에서 건물 및 도로 구조물 등에 의해 센서로 보행자를 인식할 수 없는 상황에서 자율주행 제어 전략을 결정할 수 있다. 특히, 길가에 주차된 차고가 높은 차량 가림 사이로 갑자기 출현하는 어린아이들을 인식할 수 있어 보행자와의 충돌 사고를 사전에 예방할 수 있다.

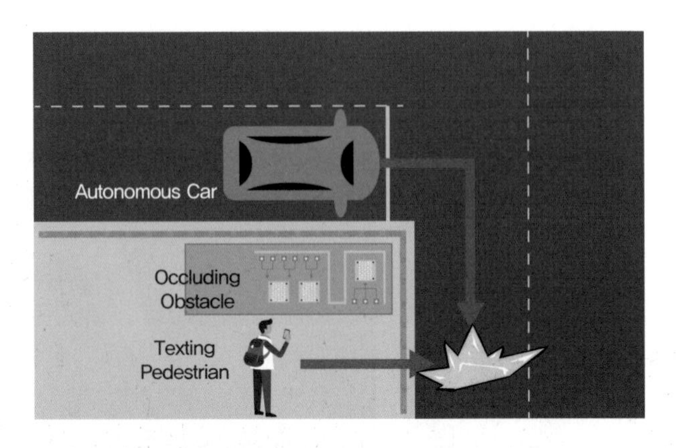

그림 2.48 V2P 기술 활용 시나리오

V2I Vehicle To Infrastructure

V2I는 차량과 RSU(Road Side Unit)와의 정보를 교환하는 기술이다. 대표적인 도로 인프라 구조물로는 신호등이 있다. 주행 경로 계획에 의해 결정된 도로를 주행할 자율주행자동차의 경우 미래 시간에 근접할 신호등 ID, 신호등 위치와 신호등 색상 변경 시간 등의 정보를 사전에 알 수 있으므로 자율주행 제어 전략에 활용할 수 있다. 도로 폭이 넓은 교차로의 경우 100 (m) 수준의 폭을 가지고 있다. 이런 도로를 자율주행자동차가 주행할 경우 신호등 변경 시간 정보를 사전에 확보할 수 있어 주행 제어에 대한 전략을 능동적으로 설계할 수 있어 보다 안전한 대처가 가능하게 된다.

카메라 센서만을 이용하여 신호등 색상을 인지할 수 있으나 카메라 센서의 경우 색상의 변경이 완료된 이후에나 알 수 있는 한계를 가지고 있어 예측 제어가 불가능하고, 거리 인식의 해상도가 낮고 인지 가능 거리도 100 (m) 이하의 수준으로 자율주행자동차의 능동 제어시스템에 적용하는데 있어 한계가 있다.

그림 2.49 V2I 기술 활용 시나리오

그 밖에도 전기자동차 기반의 자율주행자동차의 경우 V2H(Vehicle To Home) 기술을 이용하여 전기자동차의 남은 전기 에너지를 가정 전원망에 공급하여 긴급 시 활용하거나 전력을 판매할 수 있어 새로운 비즈니스 모델(Business Model)이 만들어 질 수 있을 것으로 예상되나. V2B(Vehicle To Building)의 경우도 이와 유사한 개념과 기술적 기능이 수행된다.[16]

V2N(Vehicle To Network)의 경우는 차량과 모바일 기기와의 일정한 정보를 교환하는 기술로서 보행자 보호, 내비게이션 연동 및 스마트 기기을 이용하여 차량의 상태와 정보를 모니터링 할 수 있는 장치로 활용이 가능하다.

V2C(Vehicle To Cloud)는 자율주행 S/W 업데이트, 개인 정보, 의료 서비스, 금융 서비스, 및 인포테인먼트(Infortainment) 데이터를 클라우드 서버를 통해 자율주행자동차 내부 통신망과 연결하여 정보를 공유가 가능해진다. 자율주행자동차 탑승자에게 제공할 뉴스, 음악 및 영화 등의 영상 데이터 전송의 역할로 확장될 것이다.

7.1 구조 및 원리

V2X 구조

V2X 통신은 와이파이 기반의 WAVE(Wireless Access in Vehicle Environments)와 이동 통신망 기반의 LTE(Long-Term Evolution)로 구분된다. 이중 단거리 전용 통신 방식을 이용하고 있는 WAVE 통신망의 경우 IEEE 802.11p 표준을 따르고 있다. WAVE 통신의 경우 2012년 기술 개발이 완성되어 V2X 통신망으로 안전성이 검증된 통신방식이다. 하지만, 통신 영역이 1 (km) 미만으로 범위가 좁고 확장성에 한계를 가지고 있다. 셀룰러(Cellular) 기반의 LTE 통신망은 5G 망과 같은 이동 통신망을 이용하여 지상 기지국을 통해 모든 차량의 정보를 교환한다.[17] LTE 통신망은 기존 모바일 통신 인프라를 활용하는 만큼 통신 범위가 넓고 지연 속도가 짧은 특징을 가지고 있다. 다만, 초기 통신 인프라망을 구성하기 위해 대규모 설치 비용이 발생하는 한계가 있다. 두 가지 방식의 V2X 통신 특징은 아래와 같다.

표 2.4 V2X 통신 방식 비교

구분	WAVE (DSRC)	Cellular
채택	유럽	미국, 중국
표준화	IEEE (2012년 완료)	3GPP (2014년 시작)
주파수	5.9 (GHz)	5.9 (GHz)
데이터 전송 속도	27 (Mbps)	100 (Mbps) ~ 20 (Gbps) (5G ~ LTE)
신뢰성	95 ~ 99 (%)	95 ~ 99 (%)
지연 시간	0.1 (s) 미만	0.01 ~ 0.1 (s) 미만 (5G ~ LTE)
이동 속도	200 (km/h)	160 ~ 500 (km/h) (5G ~ LTE)
영역	1 (km) 미만	수 (km)

단거리 전용 통신(DSRC)의 경우 SAE J2735 표준에서 정의된 메시지 세트로 구성된다. 구성 메시지 중에서 대표 메시지 별로 전송하는 정보는 다음과 같다.

BSM(Basic Safety Message)의 경우 차량 ID, 위도 정보, 경도 정보, 주행 속도, 헤딩 방향, 조향각도 등의 주행 데이터와 제동 제어 상태, 차량 경고등 점등 상태 등의 모듈 상태 정보와 차량 전폭과 전장의 제원 데이터를 주변 차량이 수신할 수 있도록 일정한 주기로 전송한다.

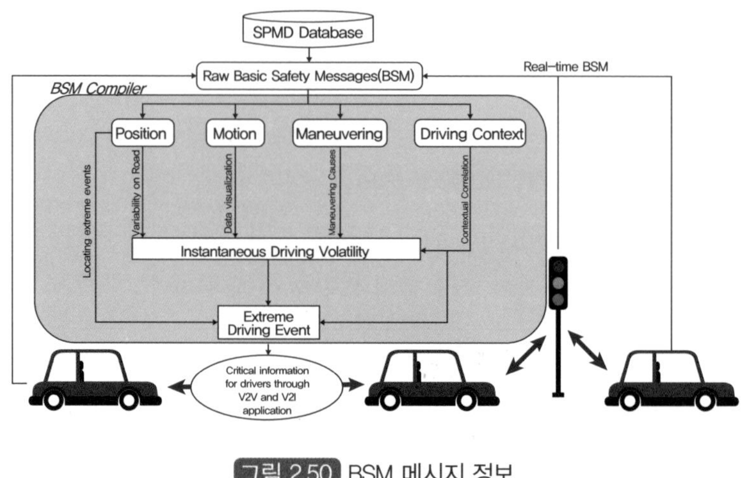

그림 2.50 BSM 메시지 정보

CSR(Common Safety Request)은 BSM 정보를 교환하는 차량들을 중심으로 현재 실행되고 있는 안전(Safety)과 관련된 정보들을 전송하는 역할을 담당한다. 수신된 안전 정보의 경우 다시 BSM 메시지에 추가하여 BSM 전송 주기에 맞게 다시 전송하게 된다.

EVA(Emergency Vehicle Alert) 메시지는 긴급 사항이 발생한 차량이 주위 근방 차량에 경고 메시지를 전송하는데 사용된다. 메시지에는 발생한 경고에 대한 상세 정보를 가지고 있으며, ATIS(Advanced Traveler Information System) 메시지 기반으로 위도, 경도 도로 폭 및 제한 속도 등의 정보가 포함된 형태로 설계된다.

ICA(Intersection Collision Avoidance) 메시지는 교차로에 진입하는 차량들에게 충돌 위험에 대한 경고를 전송하는 목적으로 사용된다. 메시지 전송 매체는 차량 또는 교차로 설치된 도로 인프라 시설 모두 가능하다.

MAP(Map Data) 메시지에는 지역 ID, 지도 위도, 지도 경도, 차로 폭, 차로 방향 및 차로 유형, 도로 연결 ID 등의 정보 전달하는데 사용된다. 이 메시지는 SPAT(Signal Phase And Timing) 메시지를 통한 도로의 특정 지리적 위치에 이벤트 정보를 활용할 수 있는 연동 시스템이 포함된다.

PVM(Probe Vehicle Message)은 도로를 중심으로 차량의 이동 경로 정보와 차량 이벤트 데이터를 RSU로 전송한다. 이 메시지에는 현재 위도, 현재 경도, 현재 속도, GPS 정확도와 제동, 조향 및 가속의 차량 거동 데이터와 방향 지시등 및 각종 경고등 점등 상태 정보를 포함하고 있다.

RSA(Road Side Alert) 메시지는 자율주행자동차가 현재 주행하는 도로 상에서 앞으로 발생할 위험 요소 정보를 제공해준다. 차로 상의 보행자 출현 또는 낙하물 출현과 같은 객체 방해물 속성 정보와 역주행 차량 및 저속 주행 차량 등의 이동 물체 방향과 속도 정보가 포함된다.

SPAT(Signal Phase And Timing) 메시지는 신호등이 설치된 교차로에서 현재의 신호등 상태 정보를 제공한다. 이 메시지에는 교차로 위치 ID, 신호등 ID, 신호 제어기 상태, 신호 색깔 상태와 현재 신호등 유지 시간 등의 정보를 전송한다.

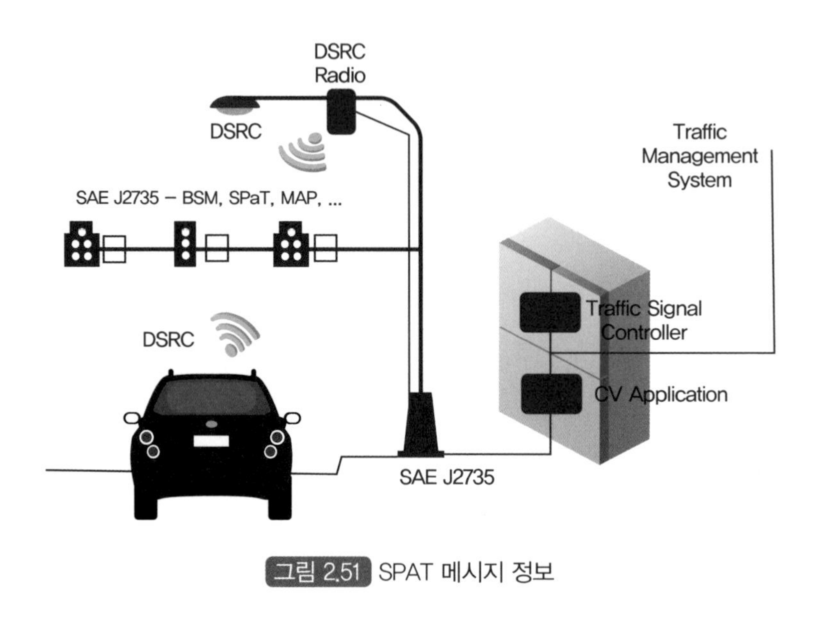

그림 2.51 SPAT 메시지 정보

셀룰러 통신 기반의 V2X는 2014년도에 표준화를 시작하여 현재 규격을 만들어가고 있는 과정이다. V2V 통신의 경우 OBE(On board Equipment) 단말기를 이용하여 별도의 주파수를 이용하여 1 (km) 미만의 PC5 무료 통신망으로 구성되며, 국가 인프라 사업 기반의 표준화로 구축된다. 기지국들간의 통신은 무선접속 Uu 유료 통신망으로 구성되며 1 (km) 이상의 통신 범위 안에서 중앙 제어 방식으로 운영된다. 기지국들간의 정보를 공유하는 만큼 기업 중심의 인프라 사업으로 구축되며, 사용자에게 다양한 개인 서비스를 제공하게 된다.

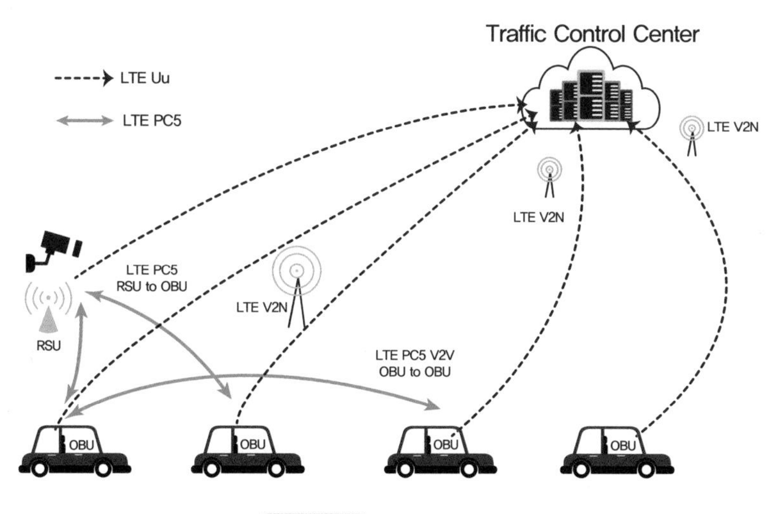

그림 2.52 LTE 통신망 구성

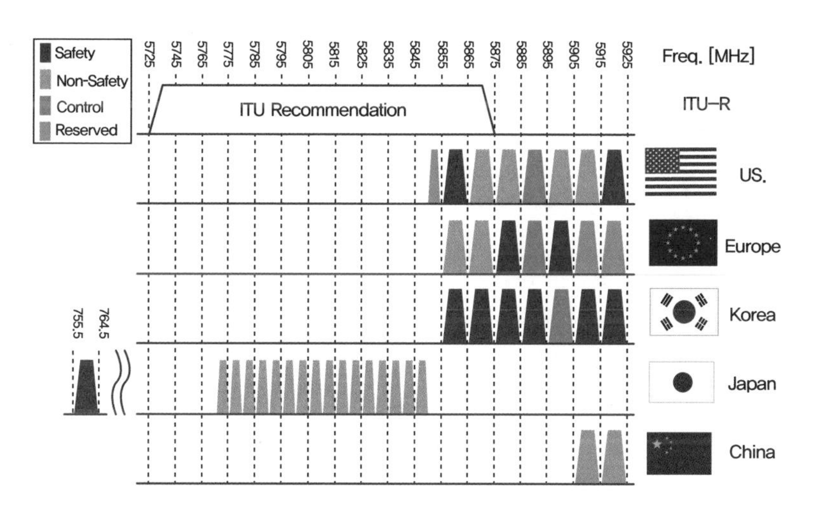

그림 2.53 LTE 주파수 배분

유럽 중심의 셀룰러(Cellular) 통신 인프라 기반 V2X 통신 주파수는 유럽 ETSI(European Telecommunications Standards Institute)에서 설정한 5.855 ~ 5.925 (GHz) 대역을 사용한다. 제어 채널은 5.885 ~ 5.895 (GHz) 대역의 10 (MHz) 범위로 할당하였고, 5.875 ~ 5.885

(GHz)와 5.895 ~ 5.905 (GHz) 대역에 안전과 관련된 서비스 제공을 위해 주파수가 할당되었다.

한국의 경우 5.895 ~ 5.905 (GHz) 대역의 10 (MHz) 폭의 범위로 제어 채널을 할당하였고, 그 밖의 주파수는 모두 안전 서비스를 위한 주파로 할당되었다.

V2X 원리

WAVE 기반의 5.9 (GHz) 수파수의 10 (MHz) 대역폭의 IEEE 802.11p 통신 무선 통신 규격 기반의 V2X 통신은 IEEE 1609.1 핵심 시스템(Core System) 규격, IEEE 1609.2 통신 보완 규격, IEEE1609.3 네트워크 서비스 규격, IEEE 1609.4 멀티채널 운영 규격으로 구성된다. IEEE 1609.1은 최상위 계층에 존재하며 정보 데이터 교환을 담당한다. IEEE 1609.2는 V2X 통신을 위한 보안 접속을 담당한다. IEEE1609.3 는 WAVE 네트워킹 서비스를 담당하고, IEEE 1609.4은 멀티채널을 활용한 정보 교환을 담당한다.

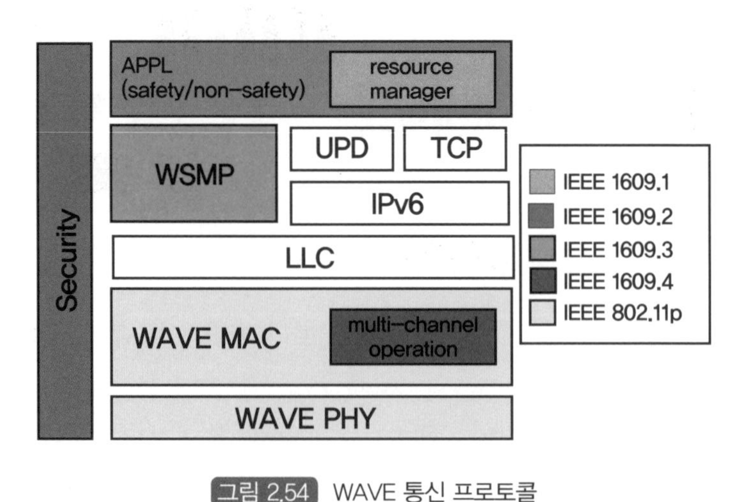

그림 2.54 WAVE 통신 프로토콜

셀룰러 통신 방식의 PC5는 제어 평면 프로토콜과 사용자 평면 프로토콜로 구성된다. 5개의 계층으로 구성되며 PHY(Physical) 계층은 10 ~ 20 (MHz)의 대역폭이 할당된 5.9 (GHz) 주파수 대역에서 물리 계층 사이드링크(Sidelink) 신호를 이용하여 데이터를 송신하는 역할을 한다. MAC(Media Access Control) 계층에서는 논리 채널과 전송 채널 사이의 매핑과 스케줄링을 담당하고, HARQ(Hybrid Automatic Repeat and Qequest)를 통한 오류 수정을 담당한다. 무선 자원을 제어하는 RLC(Radio Link Control) 계층에서는 상위 계층으로 데이터 전송, 오류 수정과 분할 및 재조립 과정을 담당한다. PDCP(Packet Data Convergence Protocol) 계층에서는 제어 평면 데이터와 사용자 평면 데이터의 암호화와 해제 기능과 제어 평면 데이터의 오류를 검증한다. RRC(Radio Resource Control)는 통신 접속 계층과 비접촉 계층의 정보를 전송하는 역할을 담당한다. 끝으로 SDAP(Service Data Adaptation Protocol)는 V2X 통신 필요에 따른 데이터 패킷(Paket) 교환을 담당한다.

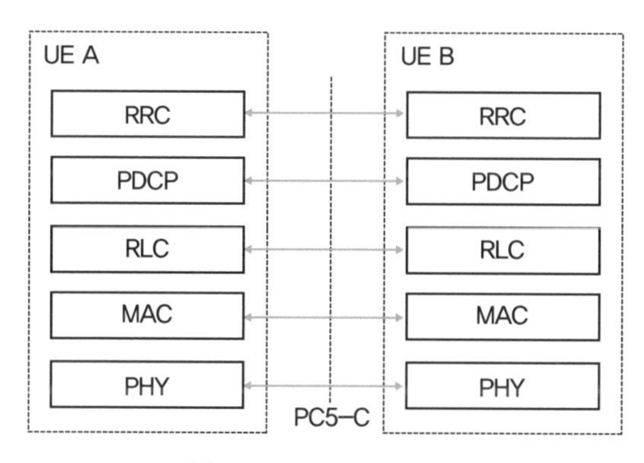

(a) PC5 제어 평면 프로토콜

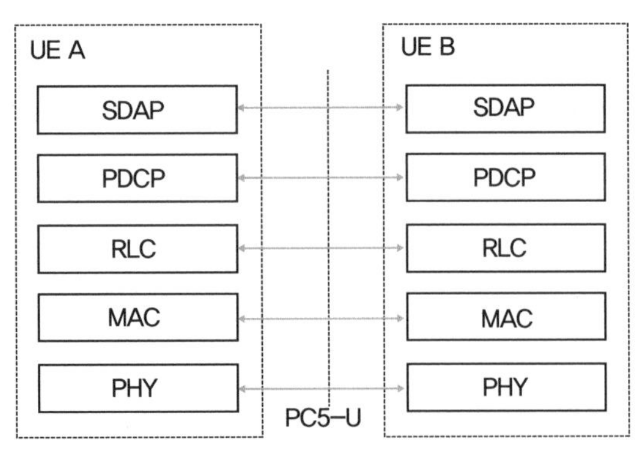

(b) PC5 사용자 평면 프로토콜

그림 2.55 PC5 프로토콜

7.2 특징

V2X 장점 및 단점

V2X 통신망을 이용할 경우 차량의 센서만을 사용하여 객체를 인지 판단하는 과정보다 월등히 넓은 감지 영역을 보장할 수 있어 안정적인 자율주행 예측 제어가 가능해진다. 다양한 객체들과의 LOS(Line Of Sight)와 NLOS(Non Line Of Sight) 조건과 상관없이 일정한 인지 성능을 유지할 수 있으며, 특히 객체의 미래 위치와 신호등의 상태 변화 정보를 자율주행 제어 분야에 활용할 수 있어 지역적 경로 계획과 사고 회피 기술에 능동적으로 활용할 수 있는 장점을 가지고 있다.

다만, V2X 환경을 구성하기 위해서는 많은 인프라 설치 비용 및 운영 비용이 발생하게 되고, 표준화와 관련하여 법적 근거 마련에 많은 마찰이 발생할 수 있다. 특히 차량 판매가 완료된 소비자에게 차량 내부 옵션으로 포함된 자율주행 서비스를 사용하기 위해 V2X 데이터 비용을 요구할 수 있어 완성차 제작사와 사용자 및 통신 기업 사이의 기술에 대한 충분한 설명과 공감대가 형성되어야 할 것이다.

8 센서 퓨전 sensor fusion

센서 퓨전은 자율주행자동차에 장착된 여러 종류의 센서들의 출력값의 통합 신호 처리 과정을 차량 중심의 주변 환경 정보 변환하는 기술이다. 차량 내의 탑승자와 도로 위의 보행자를 보호하기 위해서는 차량이 주행하는 모든 주변 주행 환경과 조건에서 모든 사물을 인지해야 하는 어려움이 있다.

레이더 센서의 경우 시간과 날씨의 환경적 요인에 대한 영향도는 적으나 보행자와 신호등 등의 사물을 인식할 수 없는 한계를 가지고 있다. 카메라 센서의 경우 표지판, 차량 등의 다양한 사물을 인식할 수 있으나 어두운 환경과 눈(Snow) 등의 환경적 요인에 취약하다. 라이다 센서는 높은 해상도의 거리값 인식과 3D 입체로 도로 환경과 사물을 형체를 구현할 수 있으나 비와 눈이 내리는 환경에 인식 오차율이 증가하고 높은 가격과 내구성의 한계를 가지고 있다. 초음파 센서는 시간과 날씨의 영향도는 받지 않으나 온도에 따른 영향도와 함께 탐지 거리가 짧은 단점을 가지고 있다.

이와 같이 모든 센서는 각각의 장단점을 가지고 있어 센서들의 조합 과정을 통해 다양한 조건에서도 인식률은 유지할 수 있어야 한다. 이 부분이 자율주행기술을 양산하는 기업들의 최대 애로 기술 중 하나이다.

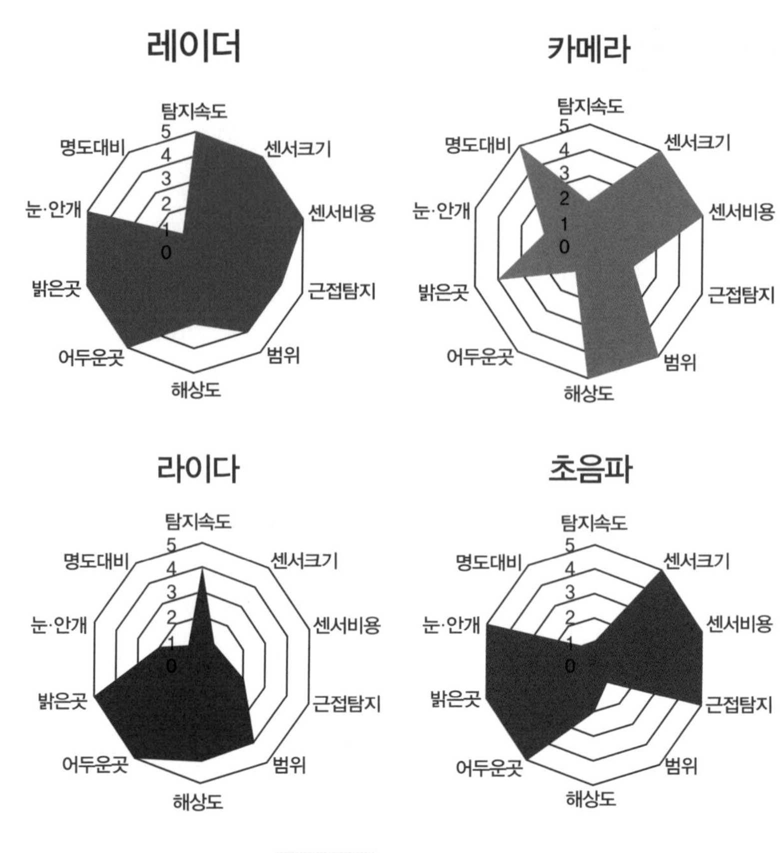

그림 2.56 센서별 장단점

8.1 구조 및 원리

센서 퓨전 구조

자율주행자동차가 직선로, 교차로 및 회전 교차로 등의 다양한 도로 환경과 도로 위에 있는 객체를 어떠한 조건에서도 인식하기 위해 레이더, 카메라, 라이다 및 초음파 센서를 중복하여 설치하게 된다. 각각의 센서들의 장착 위치와 조합은 자율주행을 구현하는 기업에서 설정한 자율주행 서비스 목표와 전략에 따라 결정되게 된다.[18]

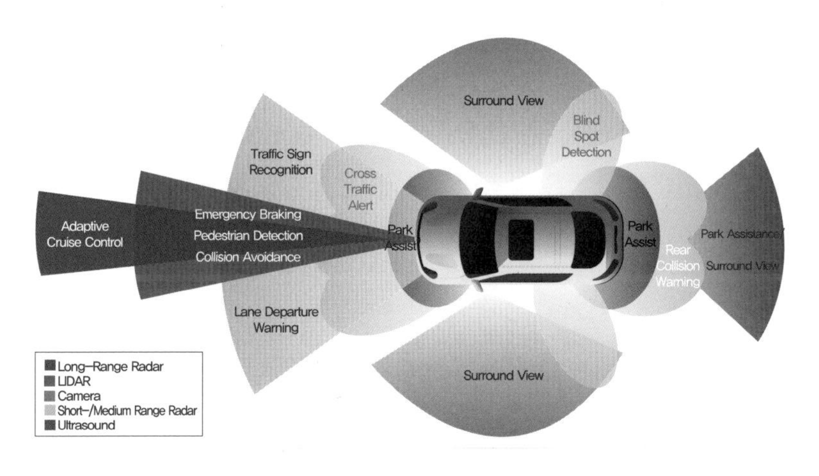

그림 2.57 센서 퓨전 구조

센서 퓨전의 구조는 센서 모듈 단위의 통합과 센서 출력 신호처리 통합 프로세스로 구분할 수 있다. 센서 모듈 단위의 통합은 이종의 센서가 하나의 센서로 합쳐진 형태이며 대표적인 예로 모노 카메라와 라이다가 통합된 형태가 있다. 이런 형태의 신개념 센서의 경우 하나의 프로세서(processor)의 두 가지 센서를 처리할 수 있는 장점이 있다.

그림 2.58 센서 모듈 통합 기반 센서 퓨전 (모노 카메라 + 라이다)

두 번째는 고성능의 직접화된 프로세서를 이용하여 이종의 센서들이 출력하는 인식값을 신호처리 과정에서 통합하는 방식이다. 이런 형태의 센서 퓨전은 각각의 센서별의 장점을 훼손하지 않고 사용할 수 있으며, 신호처리 과정에서 통합된 형태로 센서 퓨전을 운영할 수 있다.[19, 20]

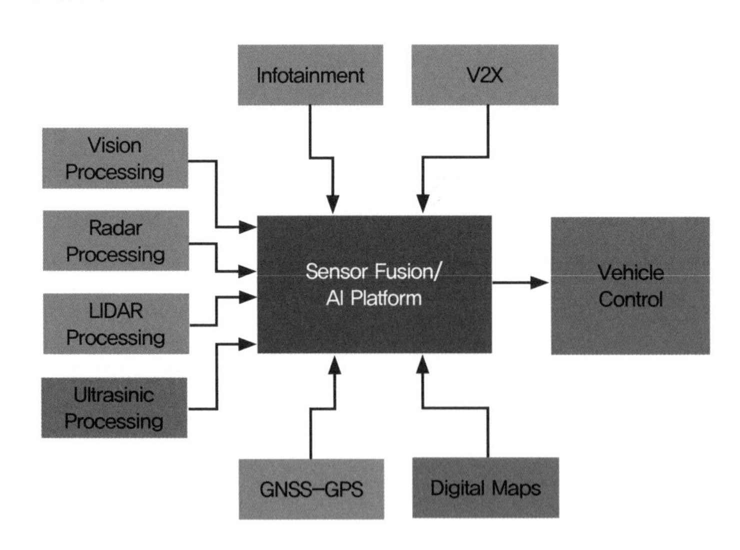

그림 2.59 신호처리 통합 프로세스 기반 센서 퓨전

신호처리 통합 프로세스 기반의 센서 퓨전의 경우 다시 3가지 행태로 구분할 수 있다. 이중 첫 번째는 중앙 집중 방식의 센서 퓨전이다. 이 방법은 모든 이종 센서들의 출력값인 원 소스(Source) 데이터를 하나의 프로세서로 전달하게 되며, 이 프로세스는 객체 인식과 물리값 변환의 과정을 전담하게 된다. 각각의 센서의 경우 별도의 신호처리 과정을 거치지 않으므로 센서의 크기를 저가로 소형화할 수 있는 장점을 가지고 있다. 하지만 중앙 프로세서로 신호의 입력 신호가 집중되는 만큼 연산 부하가 급속도로 가중되어 실시간 신호처리를 위한 기술이 마련되어야 하고, 중앙 프로세스에 고장이 발생할 경우 모든 센서의 출력값을 활용할 수 없어 높은 수준의 고장안전(Failsafe) 기술이 적용되어야 한다.[29]

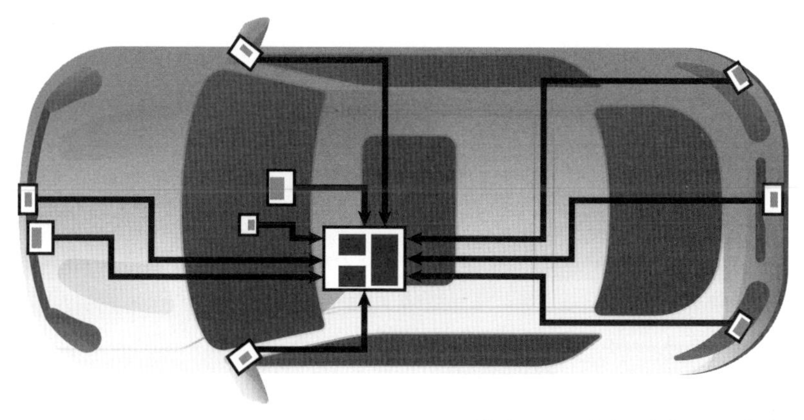

■ : 센서, ■ : 신호 처리 프로세서

그림 2.60 중앙 집중 방식 센서 퓨전

두 번째는 분산 방식 센서 퓨전으로서 객체의 인식과 물리값으로 신호 처리 과정이 각각의 센서 모듈에서 진행된다. 이는 기존의 완성도가 높은 센서의 경우 즉시 적용이 가능하며, 중앙 프로세스의 연산 부하를 줄일 수 있는 장점을 가지고 있다. 특정 센서에서 고장이 발생할 경우 다른 센서로부터 신호 보상이 가능하여 이종 센서 이중화(Redundancy) 구조로 고장안전(Failsafe) 알고리즘을 구현할 수 있다. 하지만 각각의 센서의 별도의 프로세스가 존재하는 만큼 센서의 물리적 크기가 증가되고 센서에서 사용되는 전력 소모가 증가되는 한계를 가지고 있다.

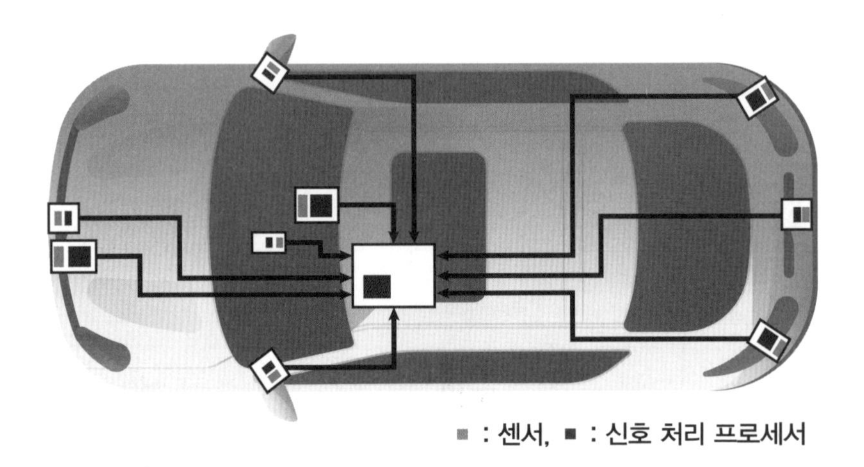

그림 2.61 분산 방식 센서 퓨전

세 번째는 중앙 집중과 분산 방식이 합쳐진 하이브리드 센서 퓨전 방식이다. 레이더와 초음파 센서와 같이 이미 완성도가 높은 센서는 현재의 기술로도 객체 인식의 정보를 CAN 네트워크로 연동이 가능한 상태이므로 현재의 처리 시스템을 그대로 사용하고, 그밖의 라이다 센서 및 카메라 센서 등으로부터 출력되는 3D 형태의 동영상 데이터는 고성능의 중앙 프로세스로 전달하여 신호처리 과정을 담당한다. 센서 모듈의 통신을 CAN과 영상으로 이원화되는 만큼 넓은 대역폭의 통신망을 사용되어야 하므로 비용과 전력 소모량 상승이 발생할 수 있다.

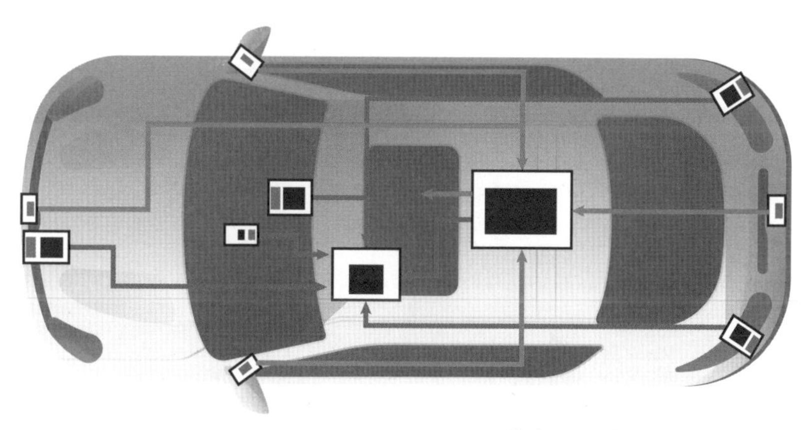

■ : 센서, ■ : 신호 처리 프로세서

그림 2.62 하이브리드 방식 센서 퓨전

센서 퓨전 원리

자율주행자동차의 센서들은 LIN(Local Interconnect Network), CAN 및 차량용 이더넷(Ethernet) 등의 다양한 통신 프로토콜로 데이터를 송수신한다. 각각의 센서 별로 전송되는 데이터의 형태가 다르고 이를 처리해야 하는 연산 과정의 복잡도가 증가되는 만큼 센서와 제어기 사이의 유연한 연동을 위해 미들웨어(Middleware)라는 별도의 시스템이 마련되어야 하고, 이를 통해 자율주행 제어 알고리즘의 입력 데이터로 활용할 수 있게 된다. 센서 미들웨어는 자율주행 센서가 운영되는 운영체제와 응용 프로그램 사이에서 데이터들의 송수신과 데이터를 관리하는 기능을 담당한다. 센서 미들웨어에서는 각기 다른 통신 프로토콜의 구성, 유지 관리 및 자율주행 제어 알고리즘에서 요구되는 해상도와 연산량이 제공될 수 있어야 한다.[21]

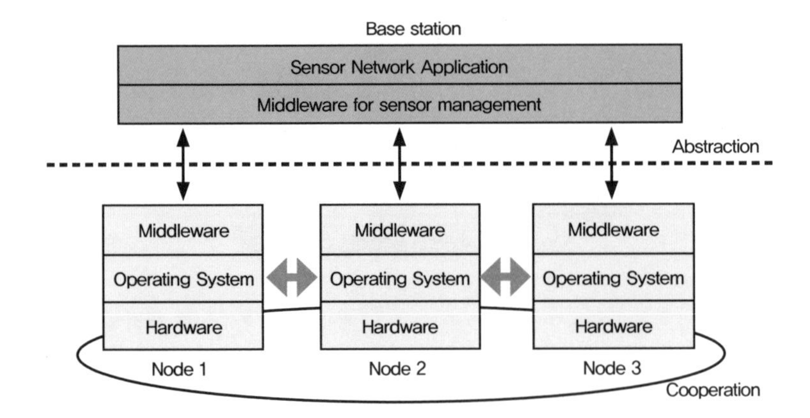

그림 2.63 센서 미들웨어

센서 퓨전 과정을 통해 자율주행자동차 차체의 최외각 또는 C.G 중심의 좌표계를 중심으로 음영 지역 없이 모든 객체에 대한 유무를 판단할 수 있어야 한다. 이종 센서에서 인식한 하나의 객체에 고유 ID를 부여하여 이 객체에 대한 거리, 속도, 방향 등의 정보를 기반으로 경로 추적(Object Tracking)이 가능해야 한다. 이런 정보를 활용하여 자율주행 제어 알고리즘은 객체와 자율주행자동차와의 공간(Space) 관계 속에서 가감속, 추월 및 차로 변경 등의 전략을 결정할 수 있게 된다.

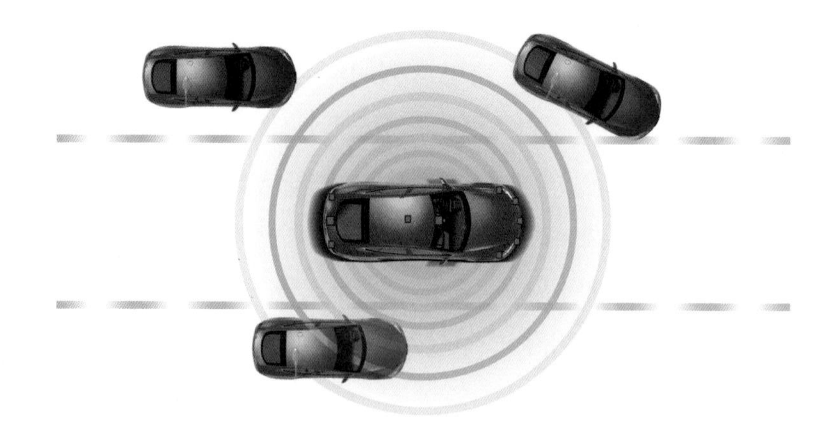

그림 2.64 센서 퓨전 기반 자율주행 제어 알고리즘 결정

8.2 특징

센서 퓨전 장점 및 단점

센서 별로 가지고 있는 단점과 인식의 한계를 센서 퓨전 기술을 통해 개선 및 극복할 수 있다. 최적의 센서 조합으로 적절한 배치가 반영될 경우 센서가 인식할 수 없는 음영 범위를 최소화할 수 있고 오탐지(False Alarm) 발생 확률도 최소화 할 수 있다. 또한, 최적의 센서 퓨전 기술이 구현될 경우 다양한 자율주행 제어 전략을 실현할 수 있어 자율주행 서비스 영역은 확장될 수 있을 것이다.

그러나 센서 퓨전을 구성하기 위해서는 복수 개의 동종 및 이종 센서가 중복적으로 사용되므로 가격 상승을 초래할 수 있고, 신호처리 연산의 복잡성이 높아지는 단점을 가지고 있다. 또한, 센서의 외관이 차량 모델과 조화를 이루지 못 할 경우 차량 디자인을 훼손할 수 있는 한계를 가지고 있다.

9 HD Map

자율주행 기술 분야에 사용할 수 있는 지도로는 자율주행 Lv.1~2단계에서 사용 가능한 첨단운전자보조시스템(ADAS : Advanced Driver Assistance System) 지도와 정밀(HD : High Definition) 지도로 구분할 수 있다.[22] ADAS Map은 차량용 기존 내비게이션 지도 데이터에 도로의 종류, 곡률 및 기울 기 등의 정보가 추가된 형태이다. HD Map은 자율주행 Lv.3~5단계에서 사용하기 위한 지도로서 차선, 교통 표지판, 신호등, 날씨 및 교통 상황 등의 정보를 자율주행자동차에 제공할 수 있는 고정밀지도이다. 완전 자율주행이 실행되기 위해서는 정밀한 지형 정보 뿐만 아니라 도로 노면 상태, 공사 정보 등의 다양한 정보가 확보되어야 가능하다.

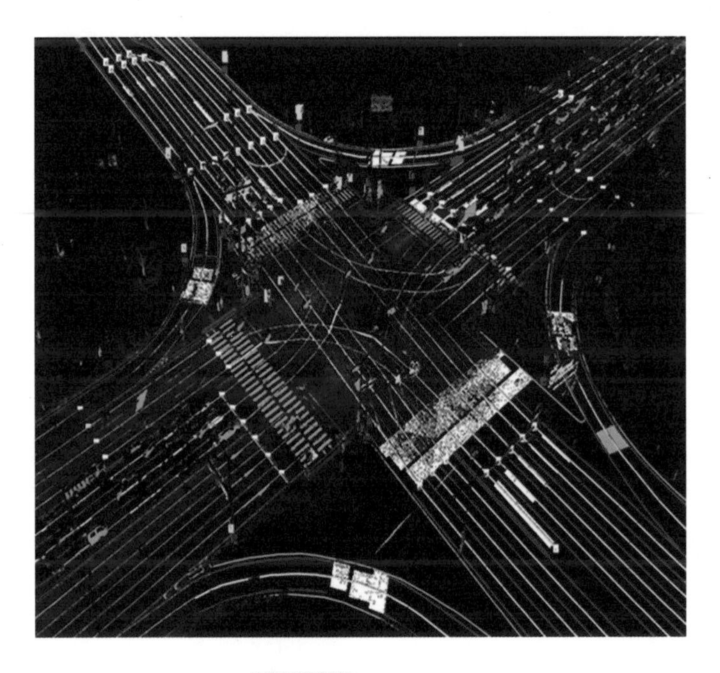

그림 2.65 HD Map 예

HD Map은 자율주행을 위한 고정밀지도로서 평면 ±0.10 (m), 수직 ±0.10 (m) 수준의 정밀도를 가지고 차선, 차로 중심선, 규제선, 도로 경계선, 도로 중심선 등의 도로 데이터와 교통 및 노면 표지의 위치와 속성 정보 등의 정보를 모두 포함하고 있으며 이 정보를 자율주행자동차에게 제공하게 된다.

9.1 구조 및 원리

HD Map 구조

HD Map은 크게 4계층으로 구분되며, 각 계층에 따라 정적(Static) 데이터 계층, 반정적(Semi Static) 데이터 계층, 반동적(Semi Dynamic) 데이터 계층 및 동적(Dynamic) 데이터 계층으로 구분된다.[23]

첫 번째 계층인 정적 데이터 계층은 도로 정보, 교통안전 표지판, 노면 표시 등의 데이터를 가지고 있으며 1 (달) 이하의 주기로 관련 정보가 업데이트되어야 한다. 두 번째 계층은 반정적 데이터 계층으로서 교통 법규, 도로 공사 구간 및 날씨 예보 정보 등의 데이터를 포함하고 있으며 1 (시간) 이하의 주기로 관련 정보가 갱신되어야 한다. 세 번째 계층은 반동적 데이터 계층으로서 교통정체 정보, 날씨 정보 및 교통사고 등의 정보가 1 (분) 단위의 주기로 업데이트 된다. 마지막으로 동적 데이터 계층은 자동차, 이륜차, 보행자 및 동물 등의 이동 물체에 대한 객체와 위치 정보를 1 (s) 이하의 단위로 교환한다.

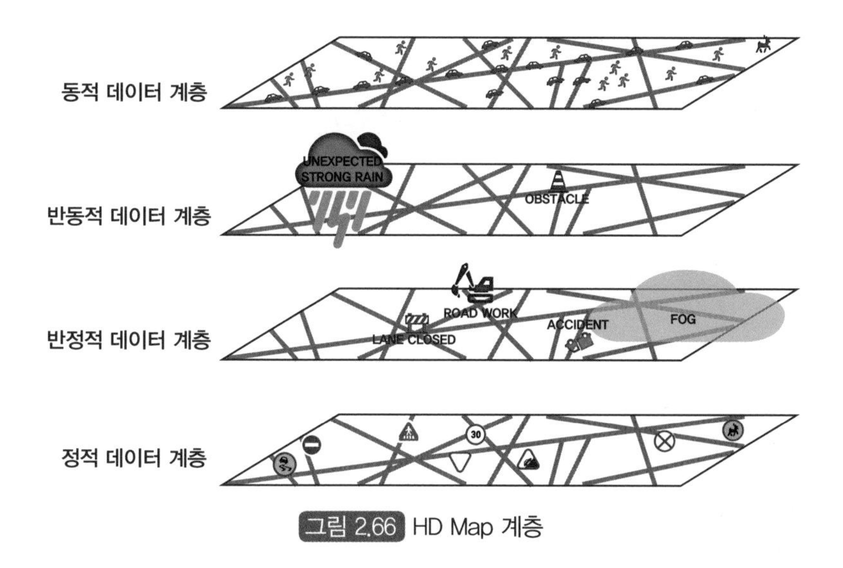

그림 2.66 HD Map 계층

국토정보지리원에서 제공하는 HD Map의 경우 14 계층으로 구분하였고, 각 계층별로 포함된 정보는 표2.5와 같다.

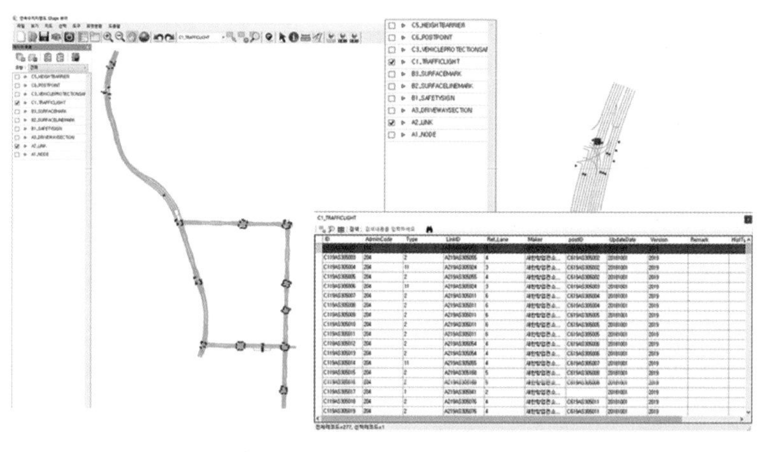

그림 2.67 국토정보지리원 HD Map 예

표 2.5 국토정보지리원 정밀지도 데이터 항목

계층	상세 정보
주행경로 노드	평면교차로, 입체교차로, 터널 시 · 종점, 교량 시 · 종점, 지하차도 시 · 종점, 고가차도 시 · 종점, 톨게이트 시 · 종점, 요금소 및 회전교차로 등
주행경로 링크	도로 유형 : 고속국도, 일반국도, 터널, 교량, 지하차도, 고가차 등 차로 유형 : 교차로, 톨케이트 차로, 버스전용차로, 가변차로, 교차로 진출입로
차도구간	도로 유형 : 일반도로, 터널, 교량, 지하차도, 고가차도 차도 유형 : 자율주행 구간, 자율주행 금지 구간
부속구간	구간 유형 : 휴게소, 졸음쉼터, 보도, 자전거도로 등 방향 유형 : 상행, 하행, 양방향
주파면	일반주차장, 화물차전용주차장, 장애인전용주차장, 노인전용주차장, 여성전용주차장, 버스전용주차장, 전기차전용주차장 등
안전표지	주의 표지, 지시 표지, 규제 표지, 보조 표지
노면선 표시	선표시 유형 : 황색–단선–실선, 백색–단선–점선, 청색–겹선–점선 등 선규제 유형 : 중앙선, 가변차선, 유턴 구역선, 차선, 버스전용차선, 정지선 등
노면표시	표시 형태 : 화살표, 횡단보도 표시 종류 : 정차금지대, 횡단보도, 좌회전, 우회전, 유턴, 차로변경 등
신호등	차량횡형–삼색등, 차량횡형–사색등, 차량횡형–화살표삼색등, 버스삼색등, 가변형 가변등, 보행등, 버스전용주차장, 전기차전용주차장 등
킬로프스트	표지 거리 : 킬로포스트 표지 위치 거리값 기준 위치 : 킬로포스트 기준 지역 명칭
차량방호 안전시설	가드레일, 콘트리트방호멱, 콘트리트연석, 무단횡단방지시설, 중앙분리대 개구부, 임시구조물, 벽 등
과속방지턱	높이 있는 방지턱, 높이 없는 방지턱, 기타 방지턱
높이장애물	고가도로 또는 교량, 육교 등
차주	신호 지주, 교통 지주

HD Map 원리

HD Map은 정밀지도를 구축할 지역의 구간과 일정 계획을 수립하고, MMS(Mobile Mapping System) 차량을 이용하여 점군 데이터를 계측 및 처리하고, 도화 프로그램을 이용하여 객체 별로 세부도화를 진행하고, 세부도화 객체에 대한 정위치 편집 과정을 거쳐 정밀지도가 완성된다. MMS 차량에는 카메라, 라이다, GPS 및 IMU 등의 센서를 이용하여 도로위의 모든 데이터를 고해상도로 계측한다. 하지만 도로에서 계측한 엄청난 양의 데이터를 선별하고 객체별로 선별하는 과정이 육안으로 진행되는 만큼 향후 가공처리 하는데 많은 개발 부하가 발생하게 된다. 따라서 최근에는 지도 자동 생성 시스템을 이용하여 이런 전 자동화 과정을 통해 고정밀지도로 생성하는 기술이 개발되고 적용되는 추세이다.

그림 2.68 MMS 차량

9.2 특징

HD Map 장점 및 단점

자율 Lv. 5 단계의 완전 자율주행을 위해서는 정밀하고 완벽한 인지가 선행되어야 가능하다. 자율주행자동차의 구성 센서를 이용하여 센서 퓨전 기술을 이용하여 다양한 주행 도로와 객체를 인지하기 위한 대안을 마련하고 있지만 오차와 오인지는 발생할 수 밖에 없다. HD Map을 이용할 경우 0.1 ~ 0.2 (m) 수준의 오차 범위 안에서 도로와 주변 환경 및 객체 정보 등을 3차원 데이터로 활용할 수 있어 자율주행의 완성도를 높일 수 있다. 또한 자율주행자동차에 장착된 센서의 의존도를 낮게 유지 할 수 있어 자율주행 프로그램의 연산 부하량을 줄일 수 있다.

HD Map은 다양한 정적 및 동적 정보 만드는 과정에 많은 시간과 비용이 발생하고, 자율주행자동차에서 활용하는 과정에도 역시 비용이 발생하게 된다. 또한 정밀지도를 제작하기 위해 고가의 MMS 차량과 제작 기업이 확대되어야 하며, 정밀도 수준을 유지하기 위한 유지 비용도 계속 발생할 수 밖에 없다. 또한 수출되는 자율주행자동차의 경우 해외 판매 지역에서 사용 가능한 정밀지도 데이터가 확보되어야 자율주행 서비스가 가능한 만큼 이에 대한 충분한 검토가 선행되어야 한다.

10 로컬리제이션 Localization, 측위

로컬리제이션(Localization)은 자율주행자동차가 현재 위치하고 있는 곳이 3D 공간상에서 어느 위치에 있는지 계측하는 기술이다. 현재의 정확한 위치를 알아야 최종 목적지 위치까지의 요구 주행 경로를 생성할 수 있고, 목적지까지 이동 시 경로상에서 발생하는 여러 이벤트 조건에서 자율주행 제어 전략을 기반으로 주행할 수 있게 되는 것이다. 자율주행자동차의 현재 위치는 GPS, IMU 및 기타 센서들이 출력하는 신호를 기반으로 만들어진 센서 퓨전 과정을 거쳐 HD Map 위에 표기할 수 있다. GPS만을 이용하여 차량의 현재 위치를 측정할 수 있으나 오차의 범위가 큰 단점을 가지고 있다. 오차가 포함된 현재의 위치 정보를 기준으로 자율주행자동차를 제어할 경우 안정적인 요구 경로를 유지하며 목적지점의 위치까지 도착할 가능성인 매우 희박해진다. 즉 정확한 측위의 과정을 통해 현재 Ego 차량이 어디 있고, 어느 방향으로 주행하고 있는지 알 수 있어야 가능해진다.

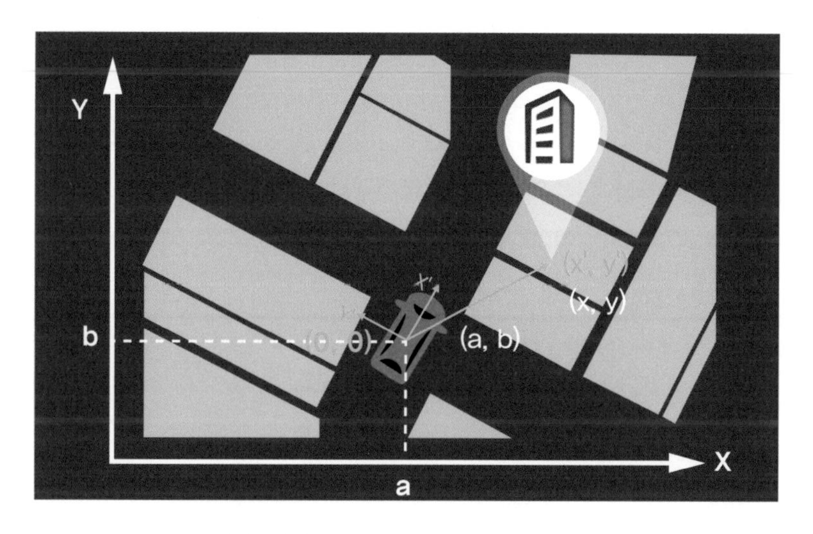

그림 2.69 자율주행자동차 로컬리제이션

10.1 구조 및 원리

로컬리제이션은 지역적 로컬리제이션과 전역적 로컬리제이션으로 구분된다. 지역적 로컬리제이션은 GPS 정보를 기반으로 계측된 현재의 차량 위치와 차량 내부의 센서를 이용한 현재 차량 자세 값을 이전 값과 비교하는 과정으로 결정된다. 차량 내부 센서로는 카메라, 라이다, IMU 및 휠 스피드 센서(Wheel Speed Sensor) 등이 사용된다. 전역적 로컬리제이션은 현재의 차량의 자세와 위치를 결정하기 위하여 GPS와 V2X 등을 외부 인프라 정보가 사용된다.

GPS 기반 로컬리제이션 구조 및 원리

자율주행자동차에 로컬리제이션 기술을 구현하기 위해 GPS 만을 단독으로 이용할 경우 가장 신속하게 관련 기술을 구현할 수 있다. 3개 이상의 GPS 위성들의 신호가 자율주행자동차의 GPS 수신기로 정보가 취합되고 삼변측량의 원리를 이용하여 차량이 있는 현재의 절대 위치의 측정이 가능하다.

하지만, 자율주행자동차가 실내, 터널 및 지하차도 등에 위치할 경우 GPS 위성 신호의 수신이 불가능하고, 위치의 정밀도 오차가 큰 단점을 가지고 있다. 이를 개선하기 위해 DGPS 기준국의 보정정보를 활용하여 위치 정밀도의 개선이 가능하나 전역적으로 사용하는데 한계가 있다.

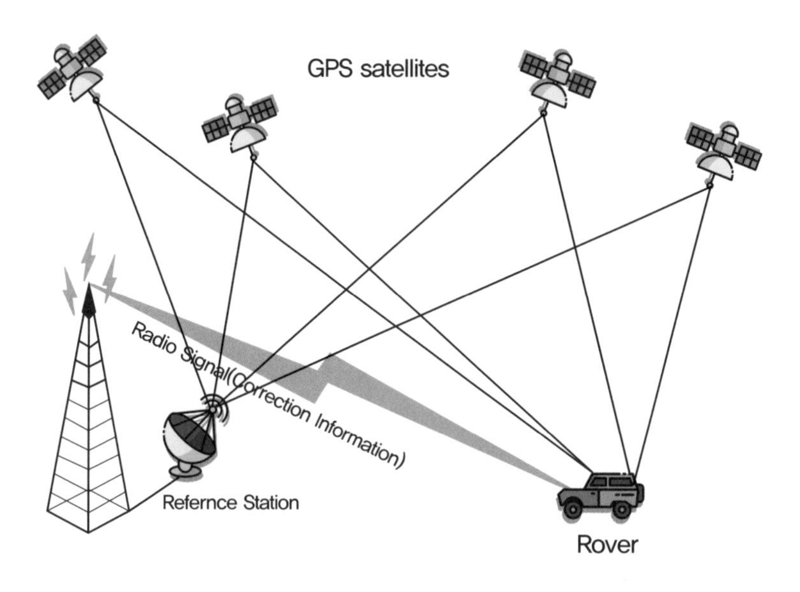

그림 2.70 GPS 기반 로컬리제이션

차량 내외부 센서 기반 로컬리제이션 구조 및 원리

베이즈 필터 Bayes Filter

베이즈 필터는 재귀적(Recursive)인 특성을 가지고 빌리프(Belief) 계산을 기반으로 한다. 자율주행자동차의 측위에서 신뢰도(Belief)라는 것은 현재 차량의 상태(State) 예측을 위해 카메라, 레이다, 라이다 및 속도 센서 정보를 활용하여 차량이 위치한 좌표값을 추정하는 과정에서 얼마나 정확한 값을 출력할 수 있는지에 대한 상태를 나타낸다.[24]

베이즈 필터는 베이즈 규칙(Bayes Rule)의 조건부 확률(Conditional Probability)과 전체 확률 법칙(Law of Total Probability)을 기반으로 한다. 차량의 상태(State) 변수는 확률 밀도 함수(Probability Density Function)를 통해 결정되게 되며, 확률 밀도 함수는 아래와 같이 표현된다. 현재 y의 상태에서 x가 발생할 확률은 x 상태에서 y가 발생할 확률에

x가 발생할 확률을 곱한 것에 y가 발생할 확률로 나눈 것을 의미한다.[25]

$$p(x|y) = \frac{p(y|x)\,p(x)}{p(y)} \tag{2.23}$$

여기서 $p(x)$는 x의 사전 확률(Prior Probability), $p(x|y)$는 x의 사후 확률(Posterior Probability), $p(y|x)$는 가능도(Likehood), $p(y)$는 y의 사전 확률을 나타낸다.

전체 확률 법칙은 x가 발생할 확률은 y 상태에서 x가 발생할 확률과 그 원인이 되는 y의 확률을 곱한 것의 합으로 구할 수 있다.

$$p(x) = \sum_y p(x|y)\,p(y) \tag{2.24}$$

$$p(x) = \int p(x|y)\,p(y)\,dy \tag{2.25}$$

베이즈 규칙은 조건부 확률인 $p(x|y)$의 역확률 $p(y|x)$로부터 결정되므로 아래와 같이 정의된다.

$$\begin{aligned} p(x|y) &= \frac{p(y|x)\,p(x)}{p(y)} \\ &= \frac{p(y|x)p(x)}{\sum x^{'}\ p(y|x)^{'}\,p(x^{'})} \quad \text{(이산 형태일 경우)} \end{aligned} \tag{2.26}$$

$$\begin{aligned} p(x|y) &= \frac{p(y|x)\,p(x)}{p(y)} \\ &= \frac{p(y|x)\,p(x)}{\int p(y|x^{'})\,p(x^{'})\,dx^{'}} \quad \text{(연속형태일 경우)} \end{aligned} \tag{2.27}$$

베이즈 규칙에 의한 베이즈 필터는 k 시점에 계산된 신뢰도 $bel(x_k)$를 위해 k−1 시점에 계산된 신뢰도 $bel(x_{k-1})$를 가지고 계산한다. k−1 시점에 계산된 신뢰도 $bel(x_{k-1})$는 k 시점의 제어값 u_k과 k 시점의 측정값 z_k을 가지고 진행된다.

$$u_{0:k} = \{u_0, u_1, \cdots, u_k\} \tag{2.28}$$

$$z_{0:k} = \{z_0, z_1, \cdots, z_k\} \tag{2.29}$$

상태(State) 변수 x_k는 확률 밀도 함수(Probability Density Function)를 통해 아래와 같이 정의된다.

$$p(x_k | z_{0:k}, u_{0:k}) \tag{2.30}$$

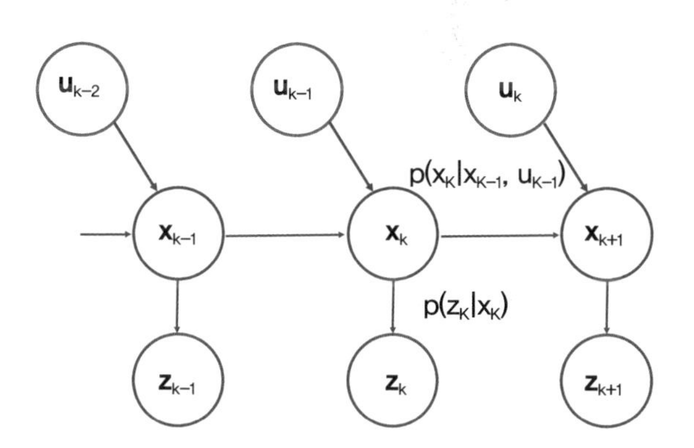

그림 2.71 베이즈 필터 개념도

베이즈 필터에 사용되는 상태(State) 변수 x_k를 구성하기 위해 차량 동역학 모델을 이용한다. x는 원점으로부터 x 점까지의 거리, y는 원점으로부터 y 점까지의 거리, ψ는 헤딩 각도로서 요 각도를 나타낸다. 여기서 요 각도는 차량의 조향각 (δ) 명령에 의해 결정되므로 $\tan(\delta)/L$으로 변경할 수 있다.

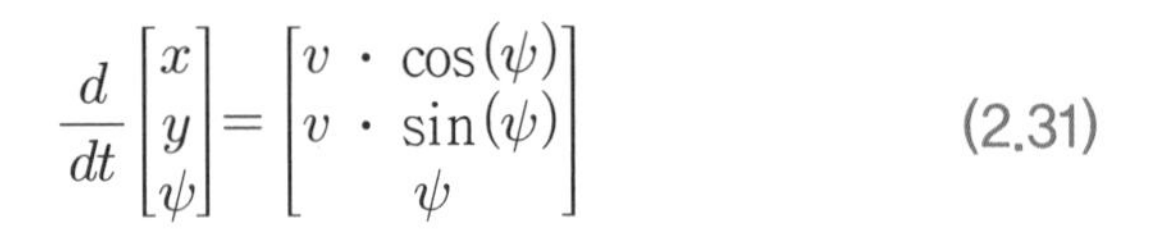

$$\frac{d}{dt}\begin{bmatrix} x \\ y \\ \psi \end{bmatrix} = \begin{bmatrix} v \cdot \cos(\psi) \\ v \cdot \sin(\psi) \\ \psi \end{bmatrix} \tag{2.31}$$

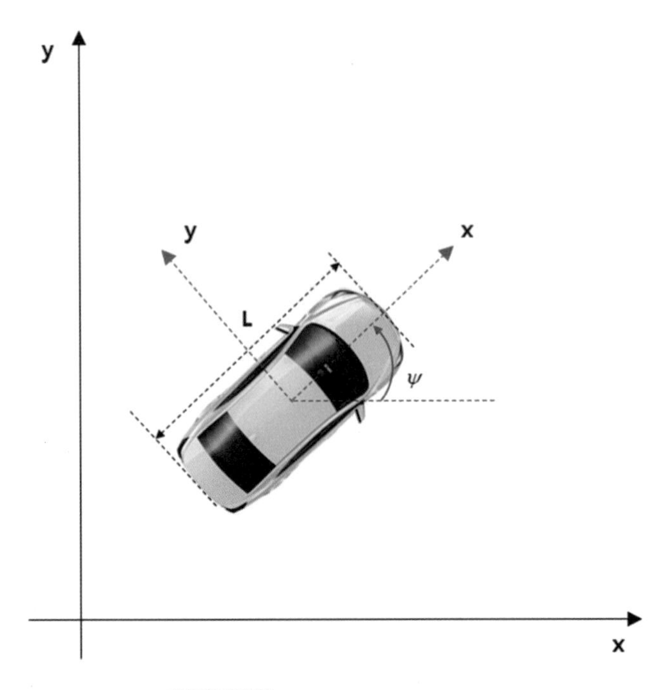

그림 2.72 차량 동역학 모델 좌표계

베이즈 필터에 사용되는 신뢰도 $bel(x_k)$는 아래와 같이 정의된다. x는 상태(State) 변수, z는 계측값 및 u는 제어기 입력값이 된다. 여기서 $\overline{bel}(x_k)$는 갱신(Update)값이 된다.

$$bel(x_k) = p(x_k | z_{1:k}, u_{1:k}) \tag{2.32}$$

$$\overline{bel}(x_k) = p(x_k | z_{1:k-1}, u_{1:k}) \tag{2.33}$$

베이즈 필터는 아래식의 두 단계로 진행된다. 첫 번째 단계는 제어기 입력값 u_k를 처리하는 과정이다. 이전 상태(State) x_{k-1}값과 입력값 u_k과 이전 시점의 신뢰도 $bel(x_{k-1})$를 통해서 상태(State)의 신뢰도 $bel(x_k)$ 계산으로 결정된다. 차량의 상태(State)의 신뢰도 $\overline{bel}(x_k)$는 이전 시점의 이전 상태(State) x_{k-1}의 확률과 제어 입력값 v_k이 이전 상태(State) x_{k-1}에서 현재 상태(state) x_k로 이동될 확률의 합으로 구할 수 있으며, 이 과정은 제어기 갱신의 예측 단계가 된다. 두 번째 단계는 차량의 상태(State)의 신뢰도 $\overline{bel}(x_k)$에 측정값 z_{k-1}가 발생할 확률의 곱으로 정의된다. 이 과정은 측정 갱신 단계인 보정의 단계가 된다.

$$\overline{bel}(x_k) = \int p(x_k | u_1, x_{k-1}) bel(x_{k-1}) dx_{k-1} \tag{2.34}$$

$$bel(x_k) = \eta\, p(z_k | x_k) \overline{bel}(x_k) \tag{2.35}$$

여기서 $bel(x_{k-1})$은 이전 상태의 신뢰도, $p(x_k | u_k, x_{k-1})$은 이전 시점에서 현재 시점의 제어값이 입력되었을 경우 현재 상태로의 이동될 확률 분포, $p(z_k | x_k)$ 현재 상태의 센서값의 확률 분포, n은 정규화 상수를 나타낸다.

칼만 필터 Kalman filter

모든 차량에 ABS(Anti-lock Brake System)와 ESC(Electronic Stability Control) 시스템이 장착이 의무화되며, 현재 모든 양산 차량에는 WSS와 IMU 센서를 포함하고 있다. 칼만 필터(Kalman Filter)는 차량 동역학 모델과 자율주행자동차에 장착된 내외부 센서들의 관측 데이터를 활용하여 차량의 위치를 추정할 수 있게 해준다. 또한 관측 데이터에는 잡음(Noise)을 가지고 있으며, 이를 제거하는 역할도 수행할 수 있다.[26]

칼만 필터로 입력되는 차량 내부 센서의 계측값은 WSS로부터 종방향 속도 (v), IMU 센서로부터 종방가속도 (a_x), 횡방향가속도 (a_y), 요 각속도(yaw rate), ψ가 된다. 차량의 위치와 속도 및 헤딩(Heading) 각도 (ψ)를 추정하기 위해 차량 동역학 모델을 이용한다.

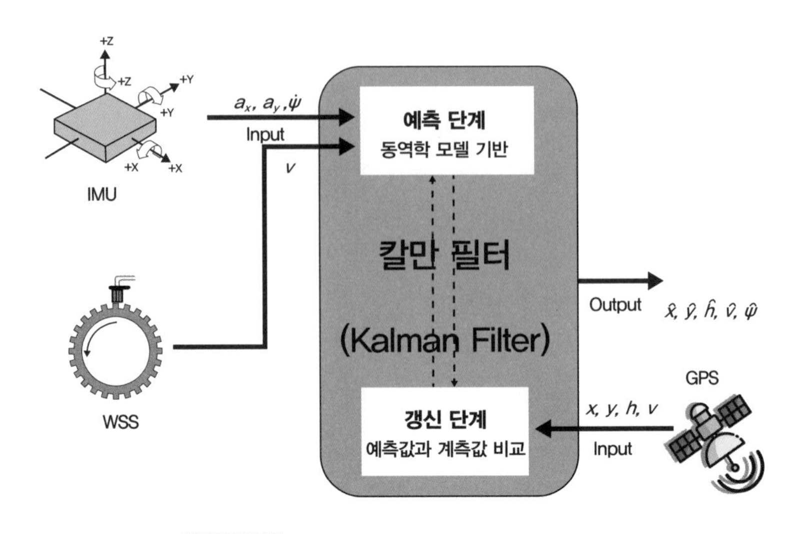

그림 2.73 차량 내부 센서 기반 로컬리제이션

실제 차량과 차량 동역학 모델 사이에는 오차가 포함되어 있다. 이는 실제 차량이 가지고 있는 개별 특성 모두를 동역학 모델에 반영할 수 없기 때문이며, 이 과정에서 많은 가정(Assumption)과 선형화(Linearization) 과정이 필수적으로 필요하다. 이렇게 추정 대상 시스템의 수학적 모델의 미지 불확실성(Unknown Uncertainty)이 모두 잡음(Noise)에 해당된다.

칼만 필터의 예측 단계는 이전 단계에서 계산된 상태 변수 추정값 ($\hat{x}_{k-1}$)으로부터 시스템 상태 행렬 (A)와 계산 과정을 통해 새로

운 상태 변수 추정값 ($\hat{x}_k$)를 예측한다. 이와 동시에 예측한 값들이 평균을 기준으로 어느 수준으로 분포되어 있는지 이전 오차 공분산 (P_{k-1})을 계산하고 이로부터 다음 시간의 오차 공분산 (P_k)을 예측하게 된다. 예측 단계 계산식은 아래와 같으며, 여기서 Q는 시스템 잡음을 나타낸다.[26, 27]

$$\hat{x}_k^- = A\hat{x}_{k-1}$$
$$P_k^- = AP_{k-1}A^T + Q \tag{2.36}$$

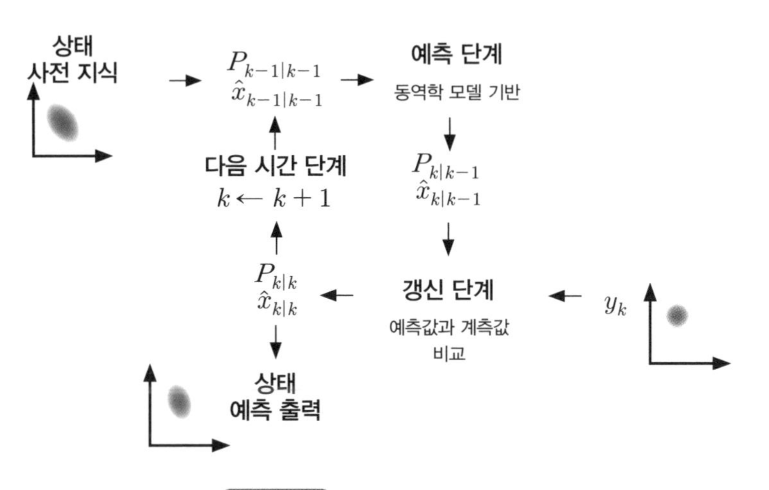

그림 2.74 칼만 필터 프로세싱

$$K_k = P_k^- H^T(HP_k^- H^T + R)^{-1}$$
$$\hat{x}_k = \hat{x}_k^- + K_k(y_k - H\hat{x}_k^-) \tag{2.37}$$
$$P_k = P_k^- - K_k HP_k^-$$

추정 단계는 예측 단계에서 계산한 추정값의 예측값 ($\hat{x}_k^-$)과 입력된 측정값 (y_k)을 이용하여 계산되는데, 이때 칼만 이득(Gain)이 반영된다. 칼만 이득은 측정값 (y_k) 과 추정값의 예측값 ($\hat{x}_k^-$)에 의해 결정된다. 칼만 이득 (K_k)이 클 경우 측정값 (y_k) 과 추정값의 예측값 ($\hat{x}_k^-$)에 높은 영향도가 반영되고, 작을 경우 낮은 영향도가 반영된다. 추정값은 추정값의 예측값 ($\hat{x}_k^-$)에 측정값 (y_k)과 추정값의 예측값 ($\hat{x}_k^-$)의 차이에 칼만 이득이 (K_k) 곱해져 결정된다. 추정 단계 계산식은 아래와 같으며, 여기서 H 는 추정값의 예측값 ($\hat{x}_k^-$)을 측정값 (y_k)으로 변환하기 위한 행렬을 나타낸다.

칼만 이득은 추정값의 예측값 ($\hat{x}_k^-$)에 측정값 (y_k)에 의해 계속 변하게 된다. 측정값 (y_k)의 잡음 (R) 작으면 칼만 이득 (K_k)은 커지게 되고 추정값의 예측값 ($\hat{x}_k^-$)에 측정값 (y_k) 과 추정값의 예측값 ($\hat{x}_k^-$)에 많은 영향도가 반영되게 된다. 즉, 추정값에 측정값 (y_k)을 많이 반영하고 추정값의 예측값 ($\hat{x}_k^-$)은 작게 반영하게 된다.

이와 반대로 오차 공분산의 예측값 (P_k^-)이 작아지면 칼만 이득 (K_k)는 작아지게 되고, 추정값의 예측값 ($\hat{x}_k^-$)의 값이 대부분의 추정값이 반영되게 된다. 이럴 경우 추정값의 예측값 ($\hat{x}_k^-$)이 높은 신뢰도를 가지고 잘 예측하고 있는 상태이므로 추정값에 추정값의 예측값 ($\hat{x}_k^-$)을 많이 반영하고 측정값 (y_k)은 작게 반영하게 된다.

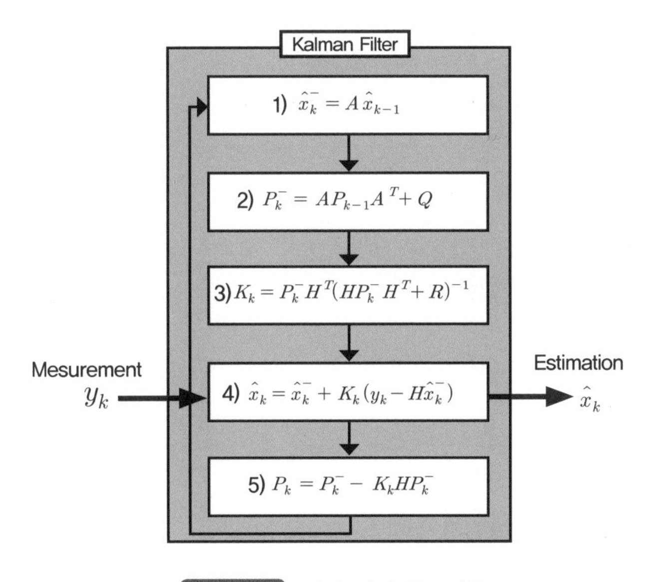

그림 2.75 칼만 필터 알고리즘

자율주행자동차의 위치 추정의 간략화를 위해 x축으로만 이동했을 경우 칼만 필터를 이용하여 차량의 주행 거리를 예측하기 위한 관계식은 다음과 같다. 차량 동역학 모델을 통해 다음 시점의 차량 상태를 예측할 수 있는데 x_k는 차량의 상태 벡터(상태 모델), A는 차량 상태 행렬, B는 입력 행렬, u_k는 차량의 입력값, w_k는 입력 잡음(Noise)을 나타낸다. 센서 모델을 이용하여 센서 예측값을 계산하게 되고, y_k는 센서 측정값 벡터(측정 모델), C는 측정 행렬, v_k는 측정 잡음을 나타낸다.

$$
\begin{aligned}
x_k &= Ax_{k-1} + Bu_k + w_k \\
y_k &= Cx_k + v_k
\end{aligned}
\tag{2.38}
$$

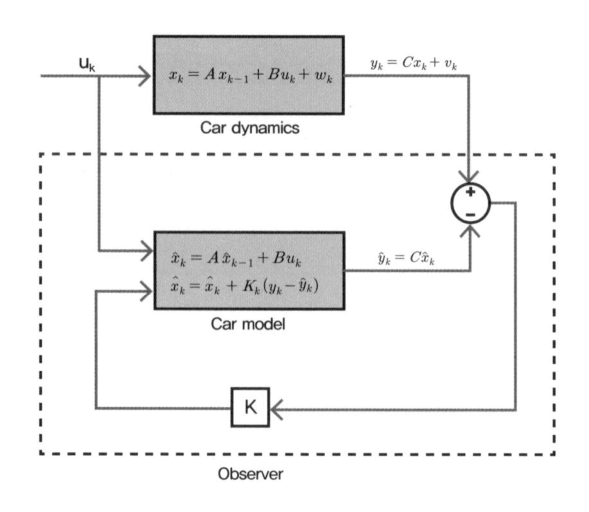

그림 2.76 칼만 필터 차량 위치 예측 모델링

칼만 필터를 이용하여 자율주행자동차의 위치 추정 과정의 간략화를 시작점 기준으로 조향각의 입력이 없는 해딩 각도 (ψ) 0의 상태로 x축으로만 이동했을 경우 예를 들면 다음과 같다. k−1 시점에 차량이 어느 지점에 위치하고 있는지에 대한 초기 추정값 $\hat{x}_{k-1}$이며, 오차 공분산 P_k을 가지고 있다.

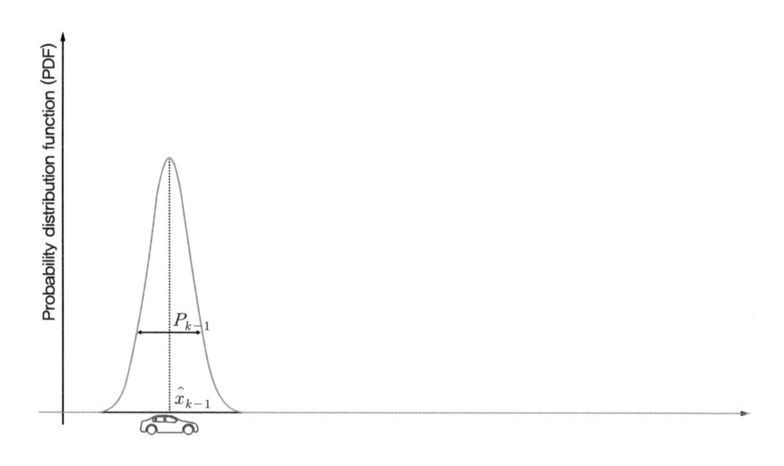

그림 2.77 K−1 시점의 차량 위치

k 시점의 WSS 센서와 IMU 센서를 활용한 차량 동역학 모델에 의해 추정된 차량의 위치는 아래와 같다.

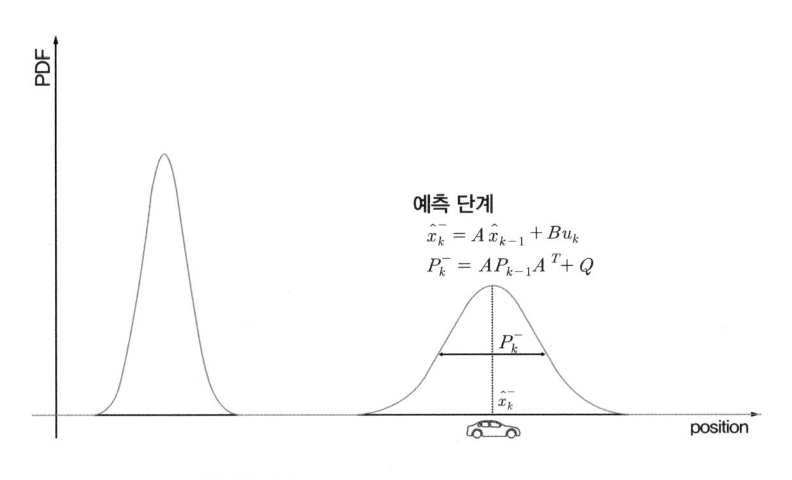

그림 2.78 K 시점의 차량 위치 예측 단계

k 시점에서 GPS로부터 계측된 위치 정보는 아래와 같으며, 차량 동역학 모델만을 이용하여 위치 정보와는 차이가 발생하게 된다. 차이가 발생하게 된 원인은 실제 차량의 거동 특성과 차량 동역학 모델의 차이와 도로 형상(경사 및 곡률 등)에 등이 있다.

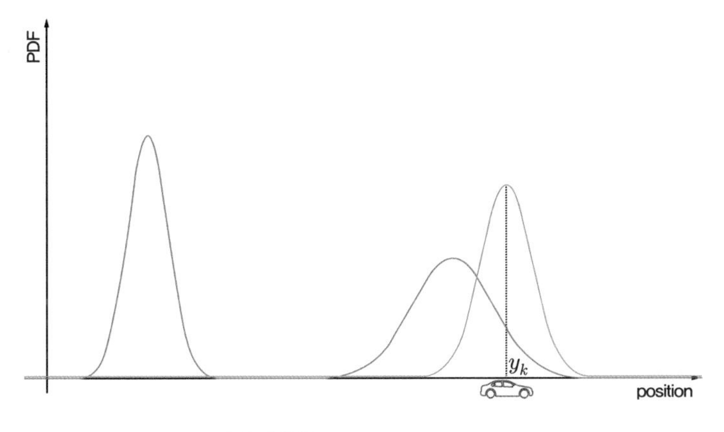

그림 2.79 k 시점의 차량 위치

차량 동역학 모델로부터 예측된 차량 위치와 GPS로 측정된 위치 정보를 이용하여 통합된 형태의 위치 정보를 갱신하는 과정을 거치게 된다.

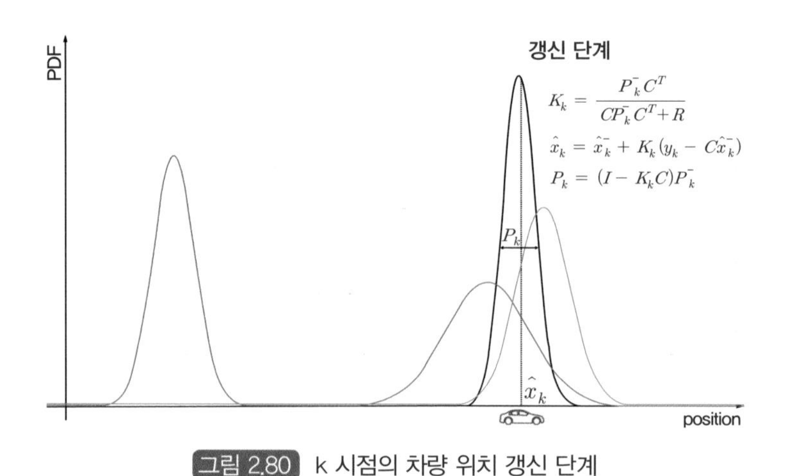

그림 2.80 k 시점의 차량 위치 갱신 단계

WSS와 IMU 센서를 기반의 차량 동역학 모델로 추정한 위치의 표준 편차보다는 GPS로부터 측정한 위치 정보의 표준 편차가 작은 것을 확인할 수 있으며, 두 값을 통합된 위치 정보의 경우 가장 작은 표준 편차를 가지고 있어 가장 신뢰도 높은 위치 정보를 얻을 수 있게 된다.

HD Map 기반 로컬리제이션 구조 및 원리

파티클 필터 Particle Filter

자율주행 서비스가 차량에 제공되기 위해서는 HD Map의 구축과 활용이 필수적이다. 센티미터(cm) 수준의 3D 정밀지도 정보가 있을 경우 파티클 필터(Particle Filter)를 활용하여 자율주행자동차의 로컬리제이션에 적용할 수 있다.

파티클 필터는 4 단계로 작동하게 된다. 첫 번째는 초기 단계로서 차량이 정밀지도 상에서 어느 곳에 위치하고 있는지 알 수 없으므로 무작위(Random)로 지도상의 x축과 y축 좌표값의 정보가 포함된 입자(Particle)를 흩어뿌린다. 이런 입자(Particle)에는 x축, y축 및 헤딩 각도 정보와 함께 가중치(Weight)가 포함되어 있으며, 초기 상태에서 가중치는 모두 0인 상태가 된다. 두 번째는 예측의 단계로 차량이 입력에 의해 이동했을 때 차량의 동역학 모델을 통해 예측이 가능하고 새롭게 위치한 곳으로 입자(Particle)들을 이동시킨다.

세 번째는 갱신 단계로서 두 번째 단계에서 예측된 입자(Particle)의 위치 정보와 카메라 센서와 라이다 센서 등으로 측정한 위치 정보와 정밀지도 상의 랜드마크(Landmark) 및 실제 차량의 위치 정보를 이용하여 입자(Particle)에 가중치(Weight)를 부여하게 된다. 가중치(Weight)가 큰 것은 큰 원으로 표현되고, 작은 것은 작은 원으로 표현된다. 네 번째는 가중치가 반영된 모든 입자(Particle)를 이용하여 현재의 차량 위치를 계산한다. 마지막은 재표본화 단계로서 가중치(Weight)가 작은 것은 삭제하고, 가중치(Weight)가 큰 것만을 선택하여 복수개의 입자(Particle)로 생성한다. 재표본화 전후 과정의 입자(Particle)는 일정하게 유지되어 확률 기반의 표본 추출의 산술적 모수가 변경되지는 않는다. 즉, 입자(Particle)의 가중치(Weight) 합은 항상 1이 된다.

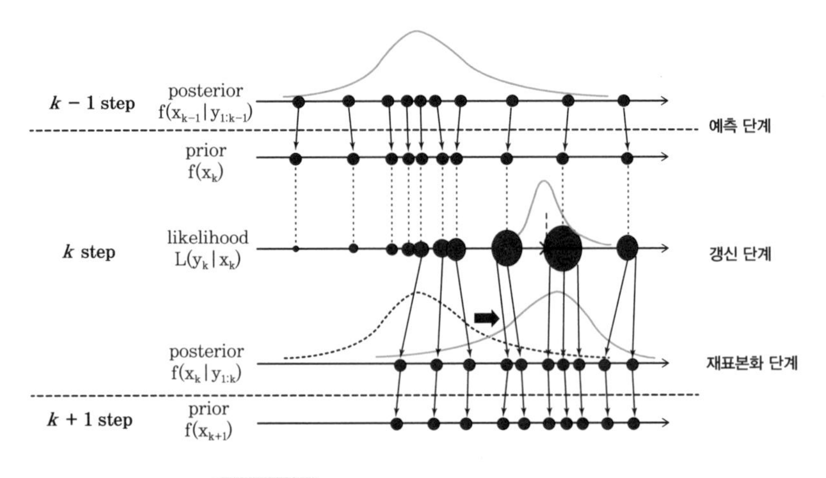

그림 2.81 k 시점의 차량 위치 갱신 단계

차량의 위치 정보의 신뢰도인 입자(Particle)의 가중치(Weight)는 측정 위치 (m_n)와 입자(Particle)의 위치 (p_n)의 차이와 정규 분포(Normal Distribution) 함수로 구할 수 있다. 가중치(Weight)는 현재의 가중치 (w_k)는 과거의 가중치 (w_{k-1})에 영향을 받지 않고, 항상 연산 샘플링 시간에 새로운 값으로 계산되어 반영된다.

$$p_n = \frac{1}{\sigma\sqrt{2\pi}} exp\left\{-\frac{(n-m_n)^2}{2\sigma^2}\right\} \quad (n = x, y) \qquad (2.39)$$

칼만 필터와 동일하게 자율주행자동차가 x축으로만 이동했을 경우를 예를 들면 다음과 같다. 자율주행자동차의 초기화 단계에서 현재의 위치 정보는 없는 상태이며, 아래의 그림과 같이 k-1 시점에 입자(Particle)가 흩어 뿌려지게 된다.

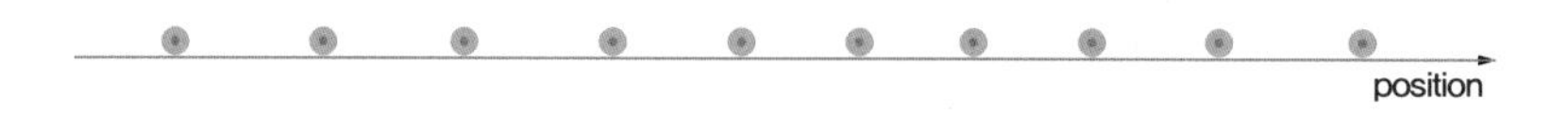

그림 2.82 파티클 필터의 입자(Particle) 흩어 뿌려짐

차량 동역학 모델과 정밀지도의 랜드마크(정지 표지판) 정보를 이용하여 자율주행자동차의 x축 위치값과 실제 차량에 측정된 x축 위치값을 비교한다.

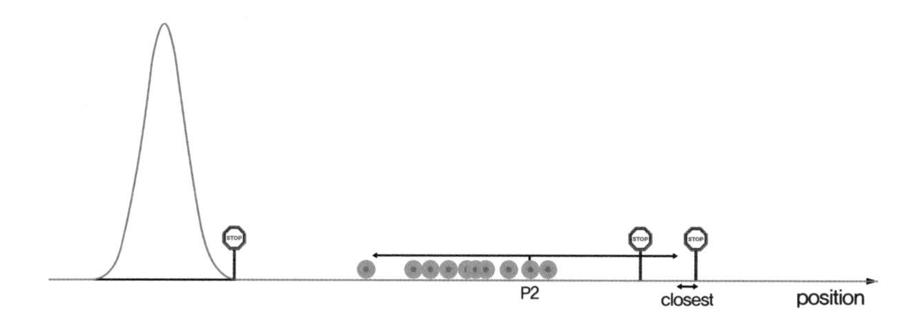

그림 2.83 차량 동역학 모델 및 랜드마크 기반 위치 예측

센서 퓨전과 정밀지도 기반의 x축 차량 위치와 계측된 현재의 x축 차량 위치의 비교 과정을 통해 위치 정보의 차이가 가장 작은 입자(Particle)에 큰 가중치(Weight)가 반영되고, 정보의 차기가 큰 입자(Particle)에 작은 가중치(Weight)가 반영된다.

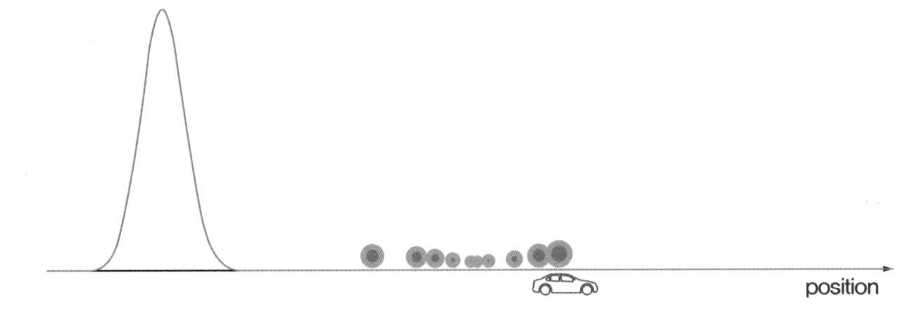

그림 2.84 입자(Particle)의 가중치(Weight) 반영

x축의 위치 정보의 신뢰도가 높은 입자(Particle)의 가중치(Weight)를 위치 추정의 가중치(Weight)로 반영하고, 낮은 신뢰도 입자(Particle)의 가중치(Weight)는 삭제한다. 초기에 뿌려진 10개의 입자(Particle)는 4개의 후보군의 위치에 차량이 위치할 가능성이 가장 높은 지점에 모이게 된다.

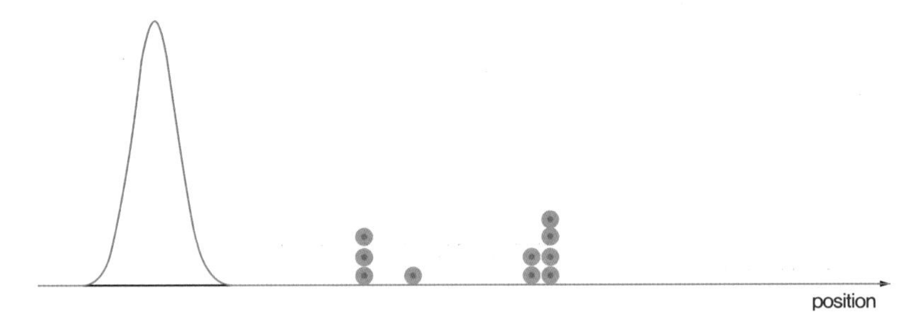

그림 2.85 가중치 반영과 삭제 과정

10.2 특징

베이즈 필터 Bayes Filter 장점 및 단점

베이즈 필터를 이용하여 차량의 위치 추정의 신뢰도 bel는 과거의 차량 센서를 이용한 측정과 과거의 제어기 입력값에 의한 차량의 상태(State)에 대한 신뢰도 bel를 계산하는 필터이다. 베이즈 필터는 다른 필터 이론들에 비해 비교적 간단한 구조로부터 과거의 정보와 현재의 증거(측정값)를 기반으로 미래의 위치를 확률적으로 추정할 수 있는 장점을 가지고 있다. 또한, 예측의 과정에서 추정 확률을 쉽게 구할 수 있어 자율주행자동차의 로컬리제이션에 활용할 경우 비교적 간단하고 신속한 알고리즘 구현이 가능하다. 하지만, 신뢰도 $\overline{bel}\,(x_k)$는 갱신(Update) 단계에서 사용되는 적분 계산 과정에서 많은 연산 부하가 가중될 수 있어 이에 대한 충분한 고려가 필요하다.

칼만 필터 Kalman Filter 장점 및 단점

칼만 필터는 과거의 정보와 현재의 증거(측정값)를 기반으로 미래의 위치를 추정하는 알고리즘이다. 베이즈 필터와 비교하여 연산 부하를 줄일 수 있고, 바로 이전 시점의 상태만을 기억하여 미래의 상태를 추정할 수 있어 적은 메모리 부하에서 실시간 연산이 가능한 장점을 가지고 있다. 다만, 관측 데이터 잡음(Noise) 및 차량 동역학 모델에 반영할 수 없는 미지 불확실성(Unknown Uncertainty) 잡음이 선형화(Linear) 형태의 확률로서 가우시안(Guassian) 정규 분포를 가지고 있어야 활용이 가능하다는 단점을 가지고 있다. 이런 단점을 극복하기 위해서는 확장 칼만 필터(Extended Kalman Filter)를 적용할 경우 차량 상태가 비선형의 형태를 가지고 있고, 잡음이 가우시안 분포를 따르지 않는 조건에서도 미래의 상태를 추정할 수 있다. 이는 상태 모델링을 매 시점마다 선형화 시스템으로 변환하고 갱신하는 단계로 진행된다.

파티클 필터 Particle Filter **장점 및 단점**

파티클 필터는 정밀 지도상에 무작위로 여러 개의 입자(Particle)를 뿌리고 현재의 차량 위치와 센서들의 측정값들의 유사한 입자들만을 선별하여 높은 가중치를 부가하는 과정을 통해 차량의 위치에 대한 확률을 높여가는 알고리즘으로 구성된다. 파티클 필터에서는 입자(Particle)를 사용하여 차량의 최종 위치를 측정하는 만큼 선형 시스템과 비선형 시스템에 모두 적용할 수 있다. 특히, 입자(Particle)의 개수를 증가시킬수록 비선형 시스템에 대한 위치 추정의 신뢰도 높일 수 있는 장점을 가지고 있다. 다만 많은 입자를 사용할 경우 최종 위치에 대한 계산량이 기하급수적으로 증가하여 연산 부하가 증가되고, 최종 위치를 추정하는데 많은 시간이 소요될 수 있는 단점을 가지고 있다.

참고문헌

[1] Robert Bosch GmbH, "Bosch Automotive Electrics and Automotive Electronics", 4th ed. BOSCH, 2004.

[2] Seunghwan Chung, "A study on practical vehicle state estimation methods for advanced chassis control systems", PhD Thesis, Hanyang University, Seoul Korea, 2016.

[3] Theo Gerkema and Louis Gostiaux, "A brief history of the Coriolis force", Europhysics News 43(2), 14–17, 2012.

[4] Thomas D. Gillespie, "Fundamentals of Vehicle Dynamics", SAE International, 1992.

[5] Edward H. Jocoy, Wayne G. Phoel, "Radar sensors for intersection collision avoidance", Proceedings of SPIE – The International Society for Optical Engineering, 1997.

[6] Ioan Nicolaescu, Laurentiu Buzincu and Lucian Anton, UWB Antenna for a Radar Sensor, 13th International Conference on Communications, 2020.

[7] Weili Wu, Zhao Zhang, Wonjun Lee & Ding-Zhu Du, "Optimal Coverage in Wireless Sensor Networks", Springer, 2020.

[8] De Jong Yeong, Gustavo Velasco-Hernandez , John Barry and Joseph Walsh, "Sensor and Sensor Fusion Technology in Autonomous Vehicles: A Review", Sensors 2021, 21, 2140. 2021.

[9] Hiroki Kaneko, Masakazu Morimoto and Kensaku Fujii, "Vehicle speed estimation by in-vehicle camera", Conference: World Automation Congress (WAC), 2012.

[10] Saad Ul Hassan Syed, "Lidar Sensor in Autonomous Vehicles", Technische Universität Chemnitz Autonomous Vehicles, 2022.

[11] Saiful Islam, Md Shahnewaz Tanvir, Md. Rawshan Habib and Tahsina Tashrif, "Autonomous Driving Vehicle System Using LiDAR Sensor", Intelligent Data Communication Technologies and Internet of Things, Springer, 2022.

[12] Bing Shun Lim, Sye Loong Keoh and Vrizlynn L. L. Thing, "Autonomous vehicle ultrasonic sensor vulnerability and impact assessment", 2018 IEEE 4th World Forum on Internet of Things (WF-IoT), 2018.

[13] Ashwani Kumar, "GPS-Based Localization of Autonomous Vehicles", Autonomous Driving and Advanced Driver-Assistance Systems (ADAS), CRC Press, 2021.

[14] Hanan Hussein, Mohamed Hanafy and Sherine M. Abd El-Kader, "Proposed Localization Scenario for Autonomous Vehicles in GPS Denied Environment", Proceedings of the International Conference on Advanced Intelligent Systems and Informatics 2020, 2020.

[15] Hamza Ijaz Abbasi, Ralph Gholmieh, Tien Viet Nguyen and Shailesh Patil, "LTE-V2X (C-V2X) Performance in Congested Highway Scenarios", IEEE International Conference on Communications, 2022.

[16] Yoshizawa Takahito, Dave Singelée, Jan Tobias Mühlberg and Delbruel Stéphane, "A Survey of Security and Privacy Issues in V2X Communication Systems", ACM Computing Surveys, 2022.

[17] Shohei Yoshioka and Satoshi Nagata, "Cellular V2X Standardization in 4G and 5G", IEICE Transactions on Fundamentals of Electronics Communications and Computer Sciences E105.A(5), 2021.

[18] Jelena Kocic, Nenad Jovičić and Vujo Drndarevic, "Sensors and Sensor Fusion in Autonomous Vehicles", 2018 26th Telecommunications Forum (TELFOR), 2018.

[19] Sharath Panduraj Baliga, "Autonomous driving - Sensor fusion for obstacle detection", Research Presentation On Investigation of Sensor Fusion Techniques, 2018.

[20] Ch.S. Raveena, Sravya R., R.Vinay Kumar and Ameet Chavan, "Sensor Fusion Module Using IMU and GPS Sensors For Autonomous Car", 2020 IEEE International Conference for Innovation in Technology. 2020.

[21] Sakshi Gupta Gupta and Itu Snigdh, "Multi-sensor fusion in autonomous heavy vehicles", Autonomous and Connected Heavy Vehicle Technology, 2022.

[22] Alejandro Diaz-Diaz, Manuel Ocaña, Angel Llamazares and Carlos Gómez Huélamo, "HD maps: Exploiting OpenDRIVE potential for Path Planning and Map Monitoring", 2022 IEEE Intelligent Vehicles Symposium (IV), 2022.

[23] Boris Bucko, Katarina Zabovska, Jozef Ristvej and Michaela Jánošíková, "HD Maps and Usage of Laser Scanned Data as a Potential Map Layer", 2021 44th International Convention on Information, Communication and Electronic Technology (MIPRO)At: Opatija, CroatiaVolume: 44, 2021.

[24] Albert Chun Chen Liu,Oscar Ming Kin Law and Iain Law, "Autonomous Vehicle", Wiley, 2022.

[25] Lukas Luft, Federico Boniardi, Alexander Schaefer and Daniel Buscher, "On the Bayes Filter for Shared Autonomy", IEEE Robotics and Automation Letters PP(99):1-1, 2019.

[26] Mohinder S. Grewal and P. Andrews, "Kalman Filtering: Theory and Practice Using MATLAB 4th ed.", Wiley-IEEE Press, 2014.

[27] Haifeng Song, Minjie Zhang and Kai Feng, "Kalman filter Based Vehicle Running Data Estimation", 2021 3rd International Conference on Industrial Artificial Intelligence (IAI), 2021.

[28] Haifeng Song, Minjie Zhang and Kai Feng, "Kalman filter Based Vehicle Running Data Estimation", 2021 3rd International Conference on Industrial Artificial Intelligence (IAI), 2021.

[29] 정승환, "자율주행자동차용 멀티 센서 고장 검출 및 보상 제어에 관한 연구", 한국자동차공학회논문집 제30권 제4호, pp. 265-271, 2022.

03 자율주행자동차의 판단 기술

1 주행 상황 판단 기술

2 주행 경로 생성 기술

자율주행자동차의 판단 기술

자율주행 판단 기술은 크게 주행 상황 판단 기술과 주행 경로 생성 기술로 나눌 수 있다.[1] 자율주행 판단 제어 알고리즘 연산 프로세스 순서에 의해 결정될 수 있으며 주행 상황 판단과 주행 전략은 한 루프 샘플링 안에서 처리되는 것이 효율적이다. 그러므로 이번 장에서는 첫 번째로 주행 상황 판단 기술과 주행 전략 결정 기술에 대해 소개하고 두 번째로 주행 경로 생성 기술에 대해 설명한다.

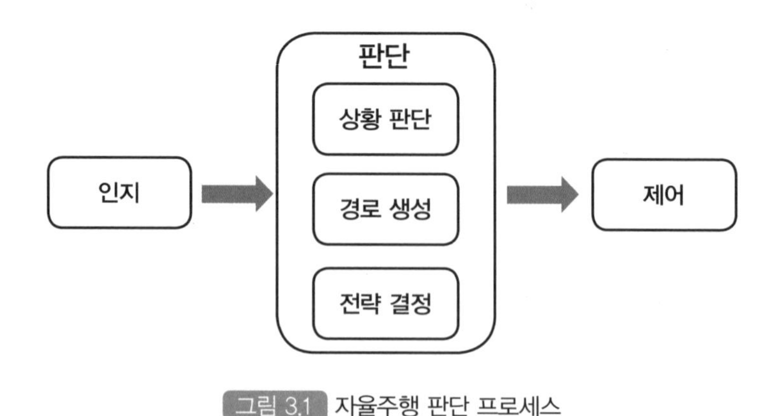

그림 3.1 자율주행 판단 프로세스

1 주행 상황 판단 기술

주행 상황 판단은 운전자가 제어권을 수동 운전 모드(Mode)에서 자율주행 모드로 전환 시 진입 가능 여부를 판단 및 결정하는 역할을 담당한다.[2] 또는 자율주행 모드로 주행 중 특정 주행 이벤트가 발생하여 더 이상 자율주행 모드의 유지가 불가능하다고 판단될 경우 운전 모드를 전환하는 판단 기준으로도 사용된다. 자율주행 Lv.4 단계까지는 자율주행 기능이 작동할 수 있는 작동 조건 수준에 적합한 자율주행 알고리즘이 설계된다. 즉 자율주행 모드가 유지되지 못할 경우 운전자의 즉각적인 대응이 필요하게 된다.

그림 3.2 자율주행 상황 판단 구분

1.1 주행 상황 판단 기술

도로 환경 판단

자율주행자동차에 반영된 자율주행 Lv.에 따라 주행이 가능한 도로와 불가능한 도로 구분된다.[3] 자동차 전용도로(Urban Expressway) 또는 고속도로(Expressway) 조건에서만 자율주행 운행이 가능한 자율주행자동차의 경우 도로를 주행하는 시간 동안 교차로, 신호등, 이륜차 및 보행자를 맞닥뜨리지 않게 될 것이다. 도심 도로(City Road)까지 주행이 가능한 자율주행자동차의 경우 다양한 객체 출현 여부와 다양한 도로 형태 조건에서 자율주행 서비스 제공이 가능해야 한다.

운전자 주행 모드와 자율주행 모드 사이의 대기(Standby) 모드 상황에서는 도로 환경 조건에 따라 자율주행 모드 진입과 해지를 결정하게 된다. 즉, 대기 모드에서는 운전자가 자율주행 스위치를 활성화(On)하여 제어권을 차량으로 전환 시킬 경우 도로 환경 조건을 확인하는 과정이 진행되는 것이다. 현재의 도로 환경 조건에서 차량이 자율주행으로 주행이 가능하다고 판단했을 경우에만 운전 제어권 모두는 차량으로 이관된다. 이와 반대로 도로 환경 조건이 자율주행 진입 및 유지 모드 조건에 만족하지 않을 경우 제어권은 차량으로 전환할 수 없고, 운전자가 차량 운전에 필요한 모든 제어의 행위와 책임을 전담해야 한다.

자율주행 모드 주행 시 미래 시점에 도로 환경이 변경되어 자율주행이 불가능한 도로로 진입이 예상될 경우 자율주행이 가능한 현재의 도로 환경이 종료되기 전에 운전자에게 자율주행 모드 해지를 경고(Alarm)하여야 하고 차량 주행에 필요한 모든 제어권은 운전자가 전담해야 한다. 이와 같이 운전자의 자율주행 스위치의 활성화(On)와 도로 환경 조건은 논리 연산자인 AND 조건의 조합으로 결정되며, 두 조건이 모두 '참(TRUE)'으로 만족될 경우에만 자율주행 모드로 진입 또는 유지할 수 있게 된다.

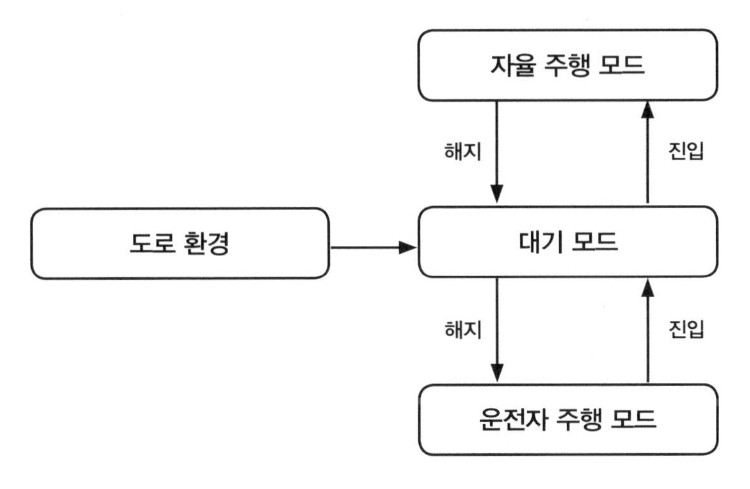

그림 3.3 도로 환경에 따른 자율주행 진입 모드

자동차 전용도로 및 고속도로 환경에서만 주행이 가능한 자율주행자동차의 경우 정밀지도와 GPS를 이용한 로컬리제이션 과정을 통해 현재의 차량 위치 파악이 가능하다. 즉, 현재의 차량 위치는 정밀지도와 GPS에서 제공하는 도로 좌표와 일치할 경우에만 자율주행 모드로의 진입이 가능해 지는 것이다. 자동차 전용 도로의 80 (km/h) 이상의 속도로 주행이 가능하도록 도로가 설계된 만큼 곡률이 심하지 않아 직진 주행이 대부분이고, 짧은 시간에 추월과 차로 변경 이벤트가 발생하므로 인지와 판단의 연산 부하가 많이 발생하지 않게 된다. 다만, 도로에 중앙 분리대와 소음방지벽이 있을 경우 센서 퓨전의 신호 처리 과정에 연산량이 증가할 수 있다.

그림 3.4 도로 환경 – 자동차 전용도로와 고속도로

하지만 도심 도로에서도 자율주행이 가능한 자율주행자동차의 경우 아래의 그림과 같이 다양한 교차로 조건에서도 인지와 판단 과정이 매우 빠른 샘플링 시간에 정확하게 처리되어야 한다. 자율주행자동차가 주행할 수 있는 방향의 경우 교차로의 수와 차로 수만큼 증가하게 되고, 중앙 분리대가 없으므로 반대 방향의 차로에서 주행하는 대향차량과 근접 주행이 발생하게 되고, 신호 변경, 비보호 좌회전과 꼬리 물기 등의 여부도 함께 인지 판단의 과정을 거쳐야 하는 어려움이 발생한다. 이런 조건에서는 정밀지도 정보와 V2X를 이용하여 자율주행 기술의 완성도를 향상 시킬 수 있다.

그림 3.5 도로 환경 - 교차로

도로 형태와 차량의 현재 차로 위치에 따라서도 자율주행 진입 및 해지 여부가 결정되어야 한다. 분기 차로와 차로 폐쇄 구간에 차량이 위치할 경우가 이런 조건에 해당된다. 이 구간에 차량이 위치한 상황에서 운전자가 자율주행 모드로 전환할 경우 정확한 로컬리제이션 진행되고 있다고 하더라도 즉시 자율주행 모드로 전환은 불가능하다. 자율주행 모드가 활성화 된 상태로 이런 환경의 도로로 진입한 경우에도 복수개의 차선과 차로 감소 및 임시 적인 도로 폐쇄 등의 이유로 자율주행이 불가능한 경우가 발생한다. 이런 도로 환경 조건을 극복하기 위해서는 정밀지도 좌표 정보와 함께 시간 단위 주기의 V2X 통신을 통해 주행 자동차의 지역적 요구 경로 생성 과정과 차량을 제어하는데 활용할 수 있어야 한다.

그림 3.6 도로 환경 - 분기로 차로와 차로 폐쇄 구간

IC(Interchange)와 JC(Junction) 도로 환경에서도 자율주행 모드 활성화 여부를 신중히 결정해야 한다. IC 및 JC 구간은 대부분 큰 곡률로 도로 구배(Road Bank)의 구조적 형태를 가지고 있는 만큼 주행 속도를 줄이는 것이 적합하다. 또한 특정 요일과 기간에 한하여 발생하는 교통 체증의 밀림으로 IC, JC 진입하기 전 2 ~ 3 (km) 구간까지 정체가 발생할 경우 자율주행 차량 역시 수 km 이전에 IC, JC 진입 가능 차로로 이동해야 하는 주행 전략을 가지고 있어야 한다.

그림 3.7 도로 환경 - IC, JC 구간

통행 요금소(Tollgate)가 도로 환경에 있을 경우도 자율주행 모드의 유지와 해지 결정에 고려할 도로 조건에 해당된다. 자율주행 모드로 통행 요금소를 진입할 경우 요금수납원이 없는 스마트 톨링(Smart Tolling) 시스템이 있는 차로를 선택하여 진입해야 하고, 진입 속도도 시스템 별로 30 ~ 80 (km/h) 수준의 최대 허용 속도를 초과해서는 안된다. 또한, 통행 요금은 출발 전 운전자에게 안내 되어야 하고, 후불제로 수납 비용이 처리가 가능한 자동 결재 단말기 설치 여부가 사전에 확인되어야 가능할 것이다. 도로 환경에 자율주행을 위한 요금 지불 시스템이 구성되어 있지 않을 경우 일정한 거리 이전에 자율주행 모드는 해지하여 운전자 주행 모드를 전환하고, 수동 수납의 절차를 운전자에게 안내해야 한다. 또한 통행 요금소 진입 전 차로의 개수가 증가되고, 진출 후 차로가 줄어드는 과정에서 정밀지도와 고정밀의 측위의 과정이 유지되어야 자율주행 모드가 유지될 수 있을 것이다.

그림 3.8 도로 환경 - 톨 게이트 구간

버스 전용 차로 시작, 종류, 위치, 적용 요일과 시간에 대한 정보 역시 자율주행 상황을 판단하고 결정하는데 매우 중요한 요소이다. 잘못된 도로 환경 판단으로 자율주행 모드로 버스 전용 차로를 주행할 경우 과태료가 발생할 수 있기 때문이다. 또한, 자동차 전용 도로 상에 있는 버스 정류장이 있는 경우도 충분히 고려되어야 한다. 자율주행자동차의 잘못된 도로 환경 판단으로 버스 정류장으로 진입해서는 안되며, 버스 정류장으로 인한 고속도로 상 출현한 보행자에 대해서도 인지 판단의 과정을 신뢰도 높게 유지 되어야 한다.

그림 3.9 도로 환경 - 버스 전용차로와 정류장

합류로와 분기로와 같은 도로 형태에서도 자율주행 상황을 유지할 수 없다. 자율주행 모드가 활성화 되어 있는 상황에서는 사전에 이 지역에 접근하기 전에 차로를 변경하여야 한다. 만약 이 지역에서 운전자가 운전 제어권을 차량에게 전달할 경우 자율주행은 활성화 진입 금지 상태를 유지 해야된다. 차량의 센서, 정밀지도 및 V2X 통신 초기화가 완성된 상태라고 할지라도 안정적인 자율주행 초기 제어 진입을 위해서는 이런 지역에서 자율주행 활성화 진입에는 보수적인 판단이 적합하다.

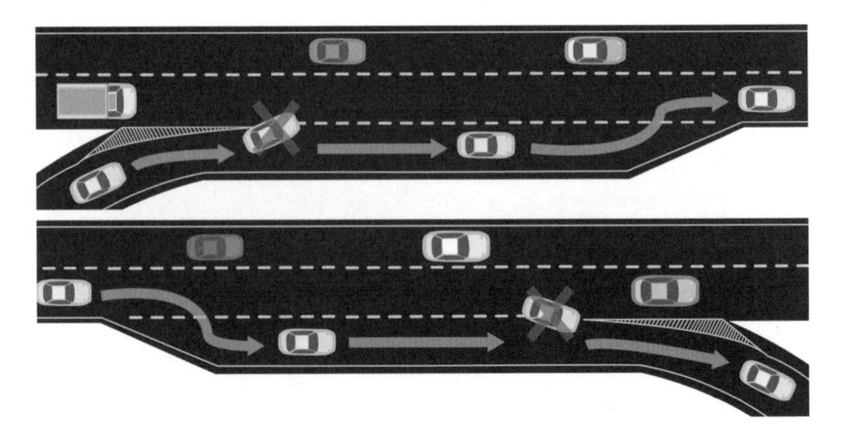

그림 3.10 도로 환경 - 합류로와 분기로

운전자 주행 상태에서 현재의 차량의 주행 속도가 도로에서 허용하는 최고 속도를 넘지 않은 상황인지 확인되어야 한다. 특히 국내 고속도로의 경우 구간별로 주행 가능한 최고 속도가 100 ~ 120 (km/h) 범위 안에서 변경되는 구간이 존재한다. 운전자가 이런 조건을 확인하지 않은 과속 상태에서 자율주행 모드로 제어권을 전환할 경우 자율주행 제어 알고리즘은 주위 차량의 주행 조건에 관계없이 자율주행자동차에는 많은 감속량을 필요로 할 수 있다. 그러므로 현재 차량의 주행 속도가 도로별 제한 최고 속도를 넘지 않는 상황을 확인하고 자율주행 모드로 진입되는 것이 필요하다.

그림 3.11 도로 환경 - 도로별 최고 주행 속도 제한

도로 환경 판단을 위한 마지막 조건으로는 졸음 쉼터와 휴게소이다. 자율주행 모드로 이 지역을 진입할 경우는 자동차 전용 도로 및 도심로와는 다른 별도의 자율주행 제어 전략이 구축되어 있어야 가능하다. 특히 이런 지역에서 자율주행자동차는 합류로와 분기로 및 주정차를 제어할 수 있는 제어 전략이 필요하고, 횡단보도와 신호 등이 없는 상황에서 보행자와 애완동물 등 다양한 객체들이 출현할 수 있는 만큼 높은 수준의 객체 인식 알고리즘이 개발되어야 자율주행이 가능하다. 이런 기술적 차이점으로 인해 자율 발렛 주차(Valet Parking) 서비스는 별도의 자율주행 인프라가 구축된 지엽적인 공간에서 특화된 자율주행 모드로 운영되는 것이 적합하다.

그림 3.12 도로 환경 - 졸음 쉼터와 휴게소

트래픽 출현 판단

자율주행자동차 센서 퓨전은 자율주행의 신뢰도 높은 제어가 수행되기 위한 필수 기술이다. 이 중에서 트래픽 출현을 판단하는 과정은 무엇보다 중요한 과정에 해당된다. 운전자가 자율주행자동차에서 탑승하고 시동을 켠(Ignition On) 상태에서 가장 먼저 확인되어야 하는 것이 바로 센서 캘리브레이션(Calibration) 과정이다. 이 과정이 수행되기 위해서는 자율주행자동차 주위에 센서가 인식 가능할 수 있는 객체(차량 및 보행자)가 있어야 하고, 일정한 시간 동안 센서의 미가공(Raw) 데이터와 신호 처리된 데이터를 모두 확인하는 과정을 거쳐야 한다. 가장 기본적으로 자율주행 차량의 좌표축을 중심으로 일정 거리 이상에 있는 전/후방의 객체를 인식 가능해야 하고, 모든 센서의 고장 상태와 센서 퓨전 처리 능력을 점검해야 한다. 이 과정이 선행되지 않은 상태에서는 모드로의 진입은 원천적으로 불가능한 상태로 유지되어야 한다. 센서 캘리브레이션 과정은 자율주행자동차의 정차 및 가감속 상태에서는 선택적으로 진행될 수 있지만, 시동을 켜고 끈(Ignition On/Off) 상태에서는 매번 수행되어야 한다.

그림 3.13 트래픽 출현 - 차량 인식 (초기화 과정)

자율주행 Lv. 단계에 따라 진입 대기 모드에서 자율주행 모드로의 진입과 해지 여부는 선택적으로 결정될 수 있다. 자동차 전용도로와 고속도로 환경에서는 보행자, 자전거와 같은 모든 트래픽이 공존하는 환경에서 자율주행 서비스를 제공하지 않으므로 아래와 같이 대기 모드를 중심으로 운전자 주행 모드와 자율주행 모드의 상태가 천이되어야 한다.

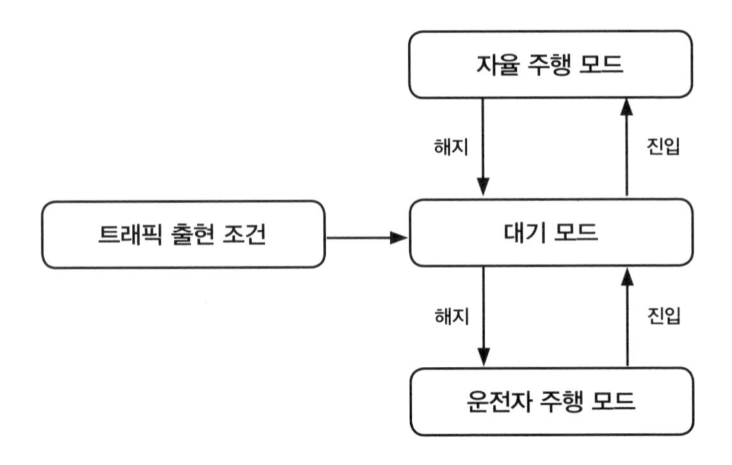

그림 3.14 트래픽 출현에 따른 자율주행 진입 모드

자동차 전용 도로에 한하여 자율주행이 가능한 차량의 경우 도로상에 보행자가 출현할 경우 자율주행 모드로 진입할 수 없도록 해야 한다. 자율주행 모드로 주행 중 보행자가 출현한 경우에도 자율주행 모드는 즉시 해지되어야 하며, 수동 운전 모드로 전환되어야 한다. 이는 주행 속도와 무관하게 항상 진입 금지 또는 해지 모드로 전환되는 것이 적합하다. 갑자기 근거리에서 보행자가 출현했을 경우 자율주행 모드로 차량을 정차시킬 수 있는 감속도가 크지 않은 만큼 AEB(Autonomous Emergency Braking) 보행자(Pedestrian) 시스템의 협조 제어를 통한 정차의 목적으로 차량을 제어하는 것이 적합하다.

도심 도로에서 자율주행 모드가 가능한 차량의 경우 보행자 출현에 따른 자율주행 모드 진입 금지와 제어 해지 모드는 전략적으로 선택되어야 한다. 보행자는 횡단보도와 신호등이 있는 도로 환경과 횡단보도가 없는 무단횡단 조건에서 나타날 수 있다. 완성도가 높은 도심 도로 자율주행을 위해서는 이 두 가지 조건에서 모두 자율주행 모드가 유지되는 것이 이상적일 것이다. 하지만 현실적으로 모든 도로와 건물 및 주차된 차량의 가림 조건에서 출현한 보행자 출현 여부를 판단하는 것은 물리적으로 불가능하므로 이를 극복하기 위해서는 V2P 또는 UWB(Ultra-Wideband) 기술이 적용되어야 한다.

그림 3.15 트래픽 출현 - 보행자 출현 판단

도로위에 사이클리스트(Cyclist)와 전기 스쿠터(Scooter)가 출현할 경우에도 자율주행 모드로의 진입과 유지에 대한 판단이 필수적으로 진행되어야 한다. 자전거 전용 도로가 확보된 도로의 경우 자전거 출현 인식 여부를 확률 높게 예측할 수 있으나 일반 도로를 주행하는 경우 이를 판단하는 과정에는 많은 사항이 고려되어야 한다. 특히 요즘과 같은 다양한 형태의 일인용 운송 수단인 모빌리티(Mobility) 들이 양산되어 도로를 주행하는 상황에서는 객체를 정확하게 인식하고 미래의 주행 경로를 예측하는 기술이 마련되어야 한다.

카메라 센서와 라이다 센서 기반의 컴퓨터 비전 및 영상 신호 처리 기술과 AI(Artificial Intelligence)와 딥러닝(Deep Learning)을 기반으로 객체 출현 판단 기술이 확보되어야 한다.[4] 이를 위해서는 다양한 형태의 운송 수단의 특징을 추출하여 학습하는 과정이 선행되어야 가능하다. 외발 스쿠터의 경우 다양한 크기로 소형화(Compact)되고 있으며, 주행 속도도 빨라지고 있는 만큼 이에 대한 출현 판단 기술 역시 확보되어야 완성 높은 자율주행자동차가 개발될 수 있을 것이다.

그림 3.16 트래픽 출현 - 자전거 출현 판단

도로 위에 낙하물이 떨어졌을 경우 자율주행자동차가 이를 인지 하지 못하고 주행할 경우 큰 사고로 확장될 수 있다. 그러므로 이런 상황을 판단하고 자율주행 모드의 진입 여부와 해지를 판단해야 한다. 낙하물의 경우 전방 차량의 화물칸 또는 기타 수하물 보관이 가능한 환경에서 떨어지게 되는데, 그 크기와 형태가 다양하므로 이를 카메라 센서와 라이다 센서로 인지하는 데는 많은 어려움이 발생하게 된다. 특히, 낙하물이 떨어질 경우 빠른 속도로 자율주행자동차의 주행방향으로 근접해올 수 있기 때문에 이에 대한 대비가 필요하다. 뿐만 아니라 비전 및 영상 처리로 낙하물의 인지와 인식이 가능한 최소의 크기와 형태에 대해 충분히 검토되어야 하고 이는 분명히 사용자 매뉴얼 및 가이드에 명시화하여 한계 사항을 공지하는 것이 필요하다.

그림 3.17 트래픽 출현 - 낙하물 출현 판단

역주행 차량이 도로 환경에서 확인될 경우 자율주행 모드로의 진입은 불가해야 하고, 자율주행 상황에서는 현재 모드를 해지하고, 수동 운전 모드로 전환되어야 한다. 고속도로와 같이 한 쪽 방향으로 속도가 빠르게 주행하는 경우 정상 주행하는 차량의 속도와 역주행 차량의 속도가 합쳐서 매우 큰 충격 에너지가 발생하게 되고 이로 인해 발생하는 사고는 매우 클 수 밖에 없다.

양방향 도로의 통행량이 일정하지 않을 경우 양쪽 차로 중 1 ~ 2개의 차로의 통행 방향을 변경하는 도심로 중심의 가변차로의 경우 역주행 차량 출현 이벤트가 발생할 수 있다. 안전상의 이유로 가변차로가 폐쇄되는 추세이긴 하지만 현재까지도 서울과 부산 등의 도심로에서는 5 ~ 7개 정도의 가변차로가 1,000 (m) 이하 수준의 거리로 운영되고 있다.[5] 따라서 도심로 중심의 자율주행 모드가 운영되기 위해서는 역주행 차량 검출과 판단에 대한 기술이 확보되어야 한다.

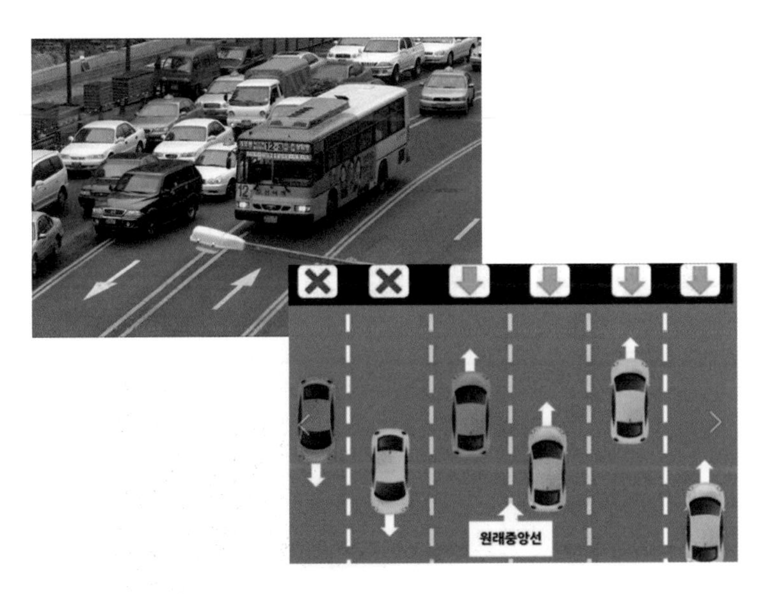

그림 3.18 트래픽 출현 - 역주행 차량 출현 판단

자율주행자동차 후방에 구급차, 소방차 및 경찰차 등의 긴급차량이 출현할 경우 양보 운전이 가능한 자율주행 차로 변경 제어 전략과 알고리즘이 필요하다. 이를 위해서는 자율주행 차량의 후사경(Rear View Mirror) 위치에 장착된 카메라 센서의 영상으로 경광등의 반짝임 정보로부터 긴급차량 출현을 인식하고 현재의 자율주행 모드는 긴급차량 양보 운전 모드로 전환되어야 한다. 사이렌 소리를 이용하여 긴급차량 후방 출현을 검출할 수 있으며 이런 방법의 경우 후방 차량의 가림으로 보이지 않는 상황과 원거리에서 길 터주기 전략을 준비하고 실시할 수 있는 장점을 가지고 있다. 경찰 오토바이의 경우 경광등 장착 위치와 주행 경로가 차량과 상이한 만큼 이에 대한 판단 알고리즘 역시 필요하다.

보안 업체 차량, 견인 자동차 및 교통안전시설 차량 등에도 긴급차량과 유사한 형태의 경광등을 가지고 있는 만큼 긴급차량의 구분하여 자율주행 모드의 진입 금지와 해지 여부를 판단해야 한다. 특히, 해외 수출이 예상되는 자율주행자동차의 경우 각 국가별로 상이한 형태의 긴급차량 외관에 대한 인공지능 인식 알고리즘 개발과 강건한 판단 알고리즘 구축이 필수적으로 선행되어야 한다.

그림 3.19 트래픽 출현 - 긴급차량 출현 판단

자율주행자동차 전방에 충분한 안전거리가 확보되지 않은 차량의 급감속 주행 상태를 판단하고 자율주행 모드로의 진입 여부를 결정할 수 있다. AEB 시스템과 달리 자율주행 차량은 낮은 감속도로 속도를 줄이므로 전방 자동차가 높은 감속도로 정차할 경우 충돌을 회피할 수 없는 상황이 발생하므로 자율주행 모드로의 진입은 금지되어야 한다. 이런 상황에서는 수 초 안에서 자율주행 차량에 긴급한 상황이 발생할 수 있다는 것이 충분히 예상되므로 운전자의 수동 회피 능력 또는 AEB 시스템의 정차를 목표로 차량을 제어하는 것이 최상의 선택이 된다.

그림 3.20 트래픽 출현 - 급감속 전방차 출현 판단

운전자 주행 모드로 주행 상황에서 자율주행 모드로 진입하지 않은 대기 상태에서 초 근접 차량이 출현할 경우 자율주행 모드로의 진입은 금지되어야 한다. 고속도로 상황의 정체 구간에서 초근접 차량의 '끼어들기(Cut-In)' 주행 상황과 자율주행 모드의 진입이 중복될 경우 이를 판단하고 운전 모드를 수동 모드 상태로 유지되어야 한다. 전방 차량의 갑작스러운 '차선변경(Cut-Out)'으로 초근접 거리에서 출현한 선선행 차량의 유무와 상대 거리 및 상대 속도를 계측할 수 있어야 한다. 자율주행자동차에는 다양한 위치에 복수개의 센서를 장착하고 있다. 그러므로 측방 레이더(Corner Radar)와 멀티 영상정보를 이용한 AVM(Around View Monitor) 시스템 등을 통해 초근접 차량 출현에 대한 인식 프로세스에 활용할 수 있다.

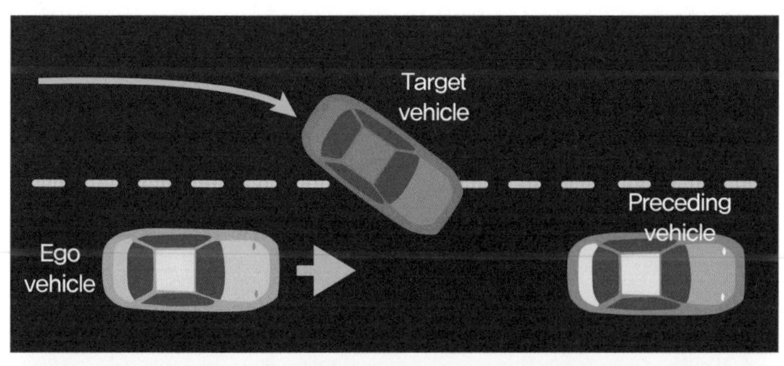

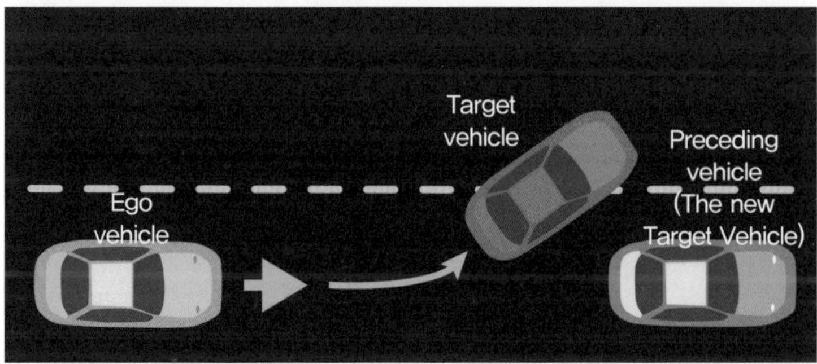

그림 3.21 트래픽 출현 - 초근접 차량 출현 판단

운전자 조작 판단

멀지 않은 미래 시점에 도로 위를 주행할 자율주행자동차는 특정한 지역적 구획(Section) 내에서 차량에 탑승한 운전자의 자율주행 작동 스위치의 활성화 명령 후 자율주행 모드로 전환될 것이다. 운전자가 차량의 탑승을 시작으로 출발지로부터 도착지까지 주행하는 모든 시간과 전 구간 안에서 운전자의 별도 개입 없이 자율주행 모드로 주행하기에는 앞으로도 많은 시간이 필요할 것으로 판단된다.

이런 이유로 운전자가 차량에 탑승한 상태와 운전의 행위와 관련된 조작 여부를 판단한 후 자율주행의 진입 여부와 유지 상태를 결정해야 한다. 특히, 자율주행 모드 중 운전자의 조향 핸들, 가속 페달 및 감속 페달이 입력될 경우 자율주행을 위한 경로 생성, 경로 유지 등의 제어 전략이 훼손될 수 있는 만큼 일정한 판단 시간 확보 후 자율주행 모드는 해지 되어야 한다.

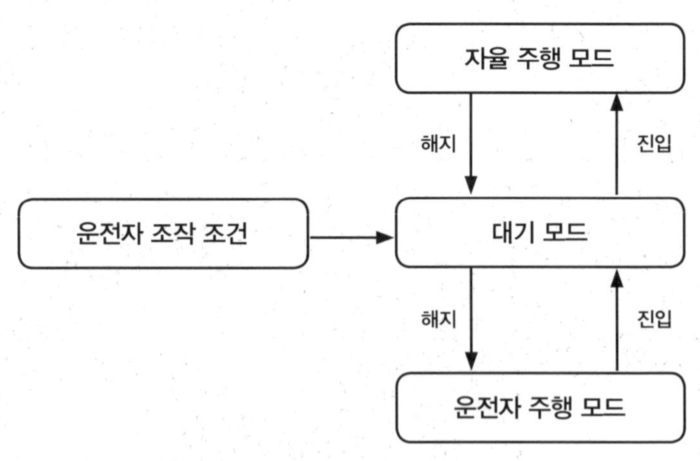

그림 3.22 운전자 조작 조건에 따른 자율주행 진입 모드

첫 번째로 차량 캐빈 룸(Cabin Room) 안에 운전자의 유무를 확인하는 과정이 필요하다. 최근 양산 차량에는 다양한 인포테인먼트(Infotainment) 기술이 자율주행자동차 기술과 통합되며, 커넥티드(Connected) 서비스로 원격 제어가 가능한 상태이다. 그러므로 차량의 문 열림과 시동 켜짐 상태만으로 차량 내부에 운전자의 유무를 판단해서는 안된다. 따라서 카메라 센서를 기반으로 운전자 탑승 여부와 착석 위치를 판단하는 과정이 반드시 필요하다. 운전자가 조수석에 탑승한 상태에서 자율주행 운전 모드가 활성화 될 경우 차량의 운전 상태를 수동 모드로 전환할 수 없으므로 신뢰성 높은 운전자 검출 및 착석 유무 판단 알고리즘이 구축되어야 한다. 카메라 센서를 이용할 경우 운전자의 유무, 착석 위치, 운전자 부주의 상태, 운전자 졸음 상태와 기타 다양한 상태를 판단할 수 있으므로 가장 적합한 인지 과정이 될 것이다.

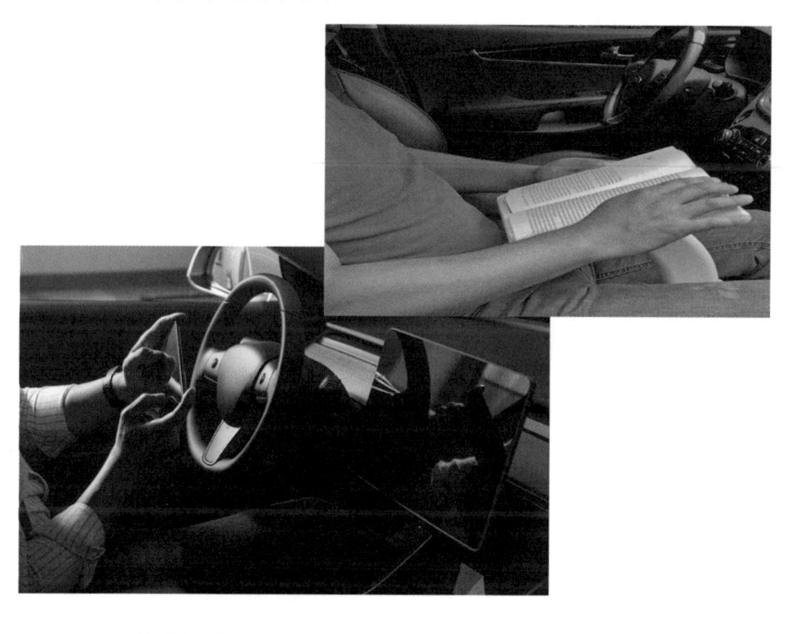

그림 3.23 운전자 조작 - 운전자 탑승 여부 판단

안전벨트(Safety Belt) 착용 여부의 판단도 자율주행 모드로의 진입 또는 자율주행 유지에 중요한 판단 기준이 된다. 초기 자율주행자동차의 경우 시동 켜짐과 동시에 자율주행 모드로 즉시 전환되지 못할 것으로 예상된다. 그러므로 자율주행 모드로 운행 중 운전자가 안전벨트를 해지 할 경우 자율주행 모드는 어떤 상태로 천이되어야 하는지에 대한 충분한 검토 과정이 필요하다. 운전자의 다양한 이유로 안전벨트의 체결 상태가 해지될 경우 어느 정도의 시간 이후 자율주행 모드를 해지해야 할지에 대한 기준이 판단 알고리즘 역시 적용되어 있어야 한다. 운전자가 안전벨트를 해지할 경우 운전자의 운전 주의가 산만한 상태일 것이고, 일정 시간 이후 다시 체결될 경우 어떤 주행 판단 전략으로 제어를 실시할지에 대한 검토가 필요하다. 제어의 선택지는 자율주행 모드 유지와 수동 운전 모드로의 상태 천이가 될 것이다.

자율주행 기술 레벨이 높아질 경우 캐빈 룸 내부 시트는 회전하게 될 것이며, 이런 환경 조건에서 운전자의 착석 여부 판단 알고리즘과 안전벨트의 기구적 체결 여부 판단도 고려할 사항이다. 시트가 회전하게 될 경우 구조적 문제로 기존 차량과 같이 필러(Pillar) 프레임 부분에 안전벨트 모듈이 장착되지 못하므로 기존 양산 차량과는 다른 신개념의 운전석 착석 및 상태 판단 알고리즘이 개발되어야 한다.

그림 3.24 운전자 조작 - 안전 벨트 체결 판단

고도 자율주행 Lv.4단계와 완전 자율주행 Lv.5단계 수준의 자율주행자동차를 제외하고 운전자는 운전 구간 내에서 자율주행 시스템이 제어권 전환을 요청할 경우 운전자는 전방 주시와 조향 핸들에 한하여 운전 행위의 주체가 되어야 한다. 그러므로 운전자의 졸음 상태를 판단하고 잠들기 전에 운전자를 깨울 수 있는 알람(Alarm) 시스템이 구축되어야 한다. 운전자 부주의 상태, 졸음 운전 상태 및 잠들어 있는 등의 미묘한 상태 차이를 구분하기 위해 극복해야 할 기술들이 많다. 차량 내부에 설치되어야 할 최상의 카메라 센서 위치, 이미지 신호 처리 기술과 인간공학 기반의 운전 상태 판단 등이 이에 해당된다.[6, 7]

운전자의 눈동자 상태는 졸음 상태를 판단하는 중요한 요소 중 하나다. 운전자가 모자를 쓰고 있거나 안경 및 선글라스(Sunglasses)를 착용한 상태에서는 얼굴 정면을 인식할 수 없으므로 이런 상황에 대해서도 대안 기술이 마련되어야 한다. 완성도가 낮은 시스템으로 잘못된 운전자 상태 판단으로 불필요한 경고가 빈번하게 안내될 경우 자율주행자동차가 가질 수 있는 주행 정숙성이 훼손될 것이다.

그림 3.25 운전자 조작 - 운전자 졸음 여부 판단

자율주행 모드 진입과 유지를 위한 판단 중에서 확인되어야 할 사항 중 하나는 운전자의 페달 입력 여부이다. 가속 페달과 브레이크 페달을 이용하여 운전자가 주행하는 수동 주행 상황에서 자율주행 모드 스위치를 활성화(On)할 경우 자율주행 모드로 전환되어서는 안된다. 그 이유는 자율주행 알고리즘이 결정한 주행 계획과 충돌이 발생하기 때문이다. 즉, 자율주행 알고리즘이 선행 차량과 주변 차량으로부터 인식한 상대 거리와 상대 속도 등의 정보를 기반으로 계산된 경로 및 속도 프로파일(Profile)이 운전자가 입력한 페달 입력값에 의해 충돌되어 손상되기 때문이다. 다만, SCC(Smart Cruise Control)와 같이 자율주행 모드에서 전방 차량과 상대 거리감 조절과 출발 가속도 이질감을 최소화하기 위한 운전자의 가속 페달 명령과의 오버랩(Overlap) 제어의 경우 충분히 반영될 수 있는 가능성이 있다.

브레이크 페달 입력 여부 역시 자율주행 알고리즘이 결정한 속도 프로파일이 유지되지 못하는 만큼 자율주행 모드로의 진입은 불가한 상태로 유지되어야 한다. 자율주행 모드 유지 상태에서 브레이크 페달이 입력될 경우 자율주행 모드는 해지 되어야 한다. 이는 자율주행자동차에 설치된 센서로 완벽하게 발견하지 못한 위험 상황 또는 위험이 예상되는 상황을 운전자의 시각 및 청각 등의 관능 정보를 통해 운전자가 사고 회피를 위한 운전을 조작할 수 있기 때문이다, 또한, 차량이 주행 상태일 경우 차량의 안전을 확보할 수 있는 가장 적합한 방법은 일정한 감속도로 차량을 완전 정차 시키는 것이다. 다만, 자율주행 모드를 해지하고 운전자 수동 모드로 전환되기 위해서는 운전자가 운전의 행위를 시간의 연속 관점에서 운행할 수 있도록 충분한 경고 알람, 햅틱(Haptic) 또는 메시지의 일정한 시간 안내 후 수행되어야 한다.

차량 운전 제어권 전환이 가능한 일정한 시간은 차량동역학(Vehicle Dyanmics), 교통공학(Traffic Engineering) 및 인간공학(Human Factors Engineering) 분야에 충분한 연구 결과로 결정되어야 한다. 그 이유는 탑승자의 성별, 연령, 체중 및 현재 상태에 따라 반응 시간이 다를 수 있기 때문이다. 그 밖에도 앞좌석 시트가 뒷좌석 방향으로 회전된 상태에서 어떠한 이유로 가속 페달 또는 브레이크 페달에 입력이 인지되었을 경우 시트가 전방 방향으로 회전할 수 있는 가능한 시간도 충분히 고려되어야 할 항목이다. 다만, 자율주행 Lv.5단계 수준의 완전 자율주행의 경우는 페달이 없는 형태의 자동차로 개발될 수 있으므로 자율주행 Lv.4단계까지는 검토되어야 한다.

그림 3.26 운전자 조작 - 페달 입력 여부 판단

운전자의 조향 핸들 입력 여부도 자율주행 판단에 중요한 요소이다. 차량이 수동 모드로 주행할 경우 운전자가 조향 핸들을 제어하는 상황에서 자율주행 모드로 진입되어서는 안된다. 운전자가 차량 제어의 주도권을 가지고 있는 만큼 자율주행 모드 진입은 금지된 상태가 유지되어야 한다. 차량이 자율주행 모드로 주행하는 상황에서 운전자의 조향 핸들 입력이 인지될 경우 자율주행 모드는 해지 되어야 한다. 그 이유는 자율주행 알고리즘에서 연산한 경로 프로파일이 주변의 트래픽(Traffic)들의 주행 경로에 의해 만들어지지 못하고 운전자 조향 입력 값에 의해 훼손되기 때문이다.

조향 핸들이 콘솔(Console) 안으로 들어간 환경에서 조향 핸들의 토크 및 각도 센서의 오프셋(Offset)과 오류와 고장 등의 원인으로 운전자 입력으로 오감지 될 경우 자율주행 모드는 해지 될 수 있다. 이런 상황에서 자율주행 알고리즘은 운전자에게 조향 제어권을 전환하게 된다. 조향 핸들이 콘솔 안에서 완전히 전개 되지 못한 상황에서 제어권 전환 임계 시간이 초과 될 경우 차량은 운전자에 의해 제어할 수 없는 상황이 된다. 그러므로 조향 핸들이 콘솔 밖으로 완전히 개폐되어 운전자가 조향 핸들을 잡을 수 있는 상황까지의 충분한 시간이 보장되어야 한다.

브레이크 페달 입력과 마찬가지로 조향 핸들 입력이 유지된 상황에서는 자율주행 모드로 진입을 막고, 이미 자율주행 상황일 경우 운전자 주행 모드로 전환되어야 한다. 이 두 가지 상황에서 충분히 고려되어야 할 사항은 운전석 시트와 핸들 위치 등의 공간적 조작이 가능한 조건과 운전자 자세 상황이 동시에 고려되어야 한다.

그림 3.27 운전자 조작 - 조향 핸들 입력 여부 판단

주차 브레이크 입력된 상태에서 자율주행 모드로 진입되어서는 안된다. 주차 브레이크의 경우 후륜 휠에만 제동 장력이 입력되어 차량의 주차 및 정차 상태가 유지된다. 이런 상황에서 자율주행 모드로 진입될 경우 전후륜의 휠 회전 속도는 차이가 발생하게 되어 차량의 주행 속도(Reference Velocity)에 영향을 받게 되고, 휠 스피드 센서(Wheel Speed Sensor) 기반의 오도메트리 로컬리제이션(Odometry Localization)이 불가능하게 된다.

특히, EPB(Electric Parking Brake) 시스템의 경우 차량이 주행하는 상태에서 운전자가 EPB 스위치를 작동(On)시킬 경우 뒷 바퀴 잠김이 발생할 수 있다. 이러한 차동역학적 거동 불안정 상태를 방지하기 위해 후륜 바퀴에 제동력을 강제로 해지하게 하는 페일세이프(FailSafe) 알고리즘이 적용되어 있다. 이런 상황에서는 4개의 바퀴의 회전 속도 차이는 발생하지 않을 수 있으나, 주차 상황에서 운전자의 주차 명령을 실행할 수 없게 되므로 자율주행 판단 알고리즘과 유기적인 제어 전략이 반영되어야 한다.

그림 3.28 운전자 조작 - 주차 브레이크 입력 여부 판단

자동차가 자율주행 모드로 주행이 가능한 도로 환경에 진입하게 되면 운전자는 자동차 운행에 관한 모든 제어권을 차량으로 이양하게 되는데, 이런 행위는 스위치 입력의 형태로 전달되게 된다. 스위치는 운전석 조향 핸들 상의 푸쉬 버튼(Push Button) 또는 센터페시아(Center Fascia)에 위치한 AVN(Audio Video Navigation) 시스템 화면상의 GUI(Graphical User Interface) 형태로 적용될 것이다.

자율주행 모드로 주행할 경우 자율주행 스위치의 마지막 입력값은 On 상태를 유지할 것이다. 이런 상황에서 운전자가 자율주행 모드의 해지를 원하여 스위치를 Off로 변경할 경우 일정한 시간과 경고음 또는 햅틱(Haptic)을 통해 운전자에게 이를 안내한 후 수동 모드로 전환될 것이다. 자율주행 모드에서 사용자의 네비게이션 및 미디어 화면의 사용 시간과 자유도는 높아질 것으로 예상된다. 앞선 상황과 동일한 상황에서 운전자의 의도와 상관없이 자율주행 제어 활성화 스위치의 오작동으로 인해 스위치에 Off 명령이 활성화될 수 있다. 이런 환경적인 조건과 고장 발생 조건에서 GUI 형태의 자율주행 스위치가 잘못 클릭(Click)된 상태로 유지될 경우 자율주행 모드는 즉시 해지 프로세싱으로 진입되어야 한다.

이렇듯 운전자 조작에 따른 자율주행 진입, 유지 및 해지를 위해서는 운전자의 자율주행 스위치의 입력 여부가 정확히 판단되어야 한다. 자율주행 진입 전 준비 단계, 진입 후 자율주행 유지 단계 등의 다양한 모든 주행 조건에서 안정적인 제어권이 운전자에게 전달될 수 있어야 한다.

그림 3.29 운전자 조작 - 자율주행 스위치 입력 여부 판단

차량 상태 판단

주행 상황 판단 중에서 마지막으로 고려할 사항은 차량 상태 판단이다. 도로 환경 또는 운전자의 공격적인(Aggressive) 주행 상태는 차량동역학 안전성이 낮은 상태이므로 이런 상황에서 자율주행 모드로 진입 될 경우 안정적인 자율주행 모드로의 제어는 불가능하게 된다. 진흙 도로에서 차량이 탈출하지 못하고, 휠 슬립(Wheel Slip) 상태에서 운전자의 명령에 의해 자율주행 모드로 진입이 시도될 경우 차량은 제어할 수 없는 상태가 지속될 가능성이 매우 높다.

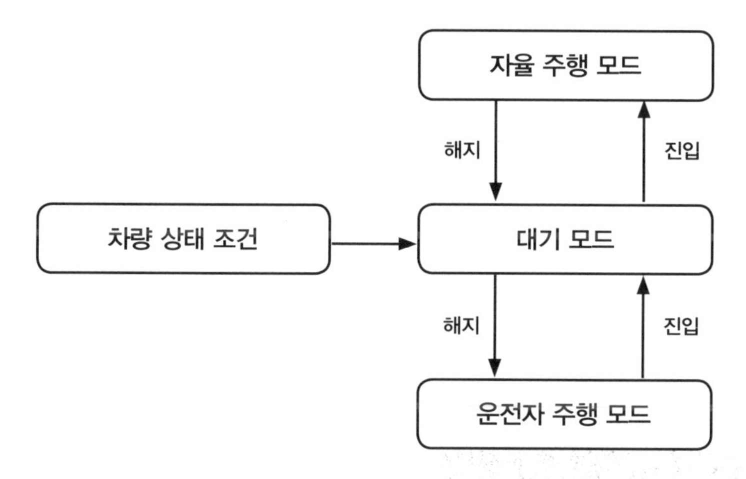

그림 3.30 차량 상태 판단 조건에 따른 자율주행 진입 모드

자율주행 차량의 경우 현재의 차량 속도를 판단하여 자율주행 모드로의 진입 가능 여부가 결정되어야 한다. 자율주행 Lv. 3 단계 이상의 경우 주행 속도 범위는 60 ~ 130 (km/h) 수준이 될 것이다. 자율주행 판단 알고리즘에서 설계한 자율주행 주행 가능 속도 임계값을 확인하고 자율주행 모드로의 진입 여부를 결정해야 한다.

수동 운전 모드 상태에서 차량이 고속으로 주행할 경우 자율주행 모도로의 진입이 시도 될 경우 자율주행 최고 속도 임계값 이하로 주행할 것을 운전자에게 안내 및 유도하고 임계값 속도 이하 진입이 확인된 이후 차량의 제어권을 자율주행 알고리즘으로 이양하는 것이 적합한 절차가 될 것이다. 속도가 빠를 경우 자율주행의 인지, 판단, 제어 연산 과정에도 부담으로 작용하게 되며, 제어권이 전환하는 순간에 고위험 긴급한 상황이 발생할 경우 위험에 대처할 수 있는 시간적 여유가 부족할 수 있기 때문이다.

차량의 주행 속도 역시 GPS 모듈, 휠 스피드 센서 및 동력 시스템의 출력값을 사용할 수 있으므로 이에 대한 선별에 신중해야 하며, 도로 형상에 따른 예상치 못한 차량 속도가 변화는 조건이 발생할 경우 자율주행 모드로의 전환 여부도 충분히 고려되어야 한다. 특히, AWD(All Wheel Drive) 차량의 경우 차륜의 구동력이 전후륜 구동 전략에 따라 변경되므로 각 휠의 회전 속도를 차량의 기준 속도(Reference Velocity)로 변환하여 사용할 수 있을지에 대해 충분히 검토되어야 한다.

그림 3.31 차량 상태 - 차량의 주행 속도 판단

차량의 시동 버튼인 Engine Start Stop 버튼의 입력 상태도 자율주행 모드로의 진입 여부와 상태를 유지하는데 판단해야 될 차량 상태값이 된다. 원격 시동 모드로 운전자의 직접적인 시동 On 명령 없는 상황에서 자율주행 모드로 진입에 대한 안전성은 충분한 시험과 검증으로 확인되어야 한다.

ISG(Idle Stop and Go) 시스템의 스위치 작동 상태도 자율주행 모드 진입 전 확인되어야 한다. 자율주행 모드에서는 정체 구간에 진입하여 차량이 완전 정차하는 상황에서도 엔진 On 상태를 유지해야 하는 만큼 운전자에 의해 입력된 ISG 스위치의 작동 상태를 제어 알고리즘 적으로 해지 되어야 한다.

운전자 조작에 의해 엔진의 On/Off 상태의 시작, 종료 및 자동 상태 변환이 가능한 기능의 스위치가 존재할 경우 현재의 엔진 상태를 자율주행 판단 알고리즘으로 입력 받아 자율주행 모드로의 진입과 유지 여부에 활용할 수 있어야 한다.

그 밖에도 내연 기관 기반의 자율주행 자동차의 경우 연료 부족 및 엔진 고장 등의 원인으로 엔진의 꺼짐(Off) 상태가 확인되어야 한다. 엔진이 꺼짐 상태에서는 차량의 가속 및 주행 상태를 유지할 수 없는 만큼 차량을 정차하기 위한 제동력에도 영향을 미치게 된다. 이런 이유들로 현재의 엔진 작동 상태에 대한 모니터링이 필요하다.

그림 3.32 차량 상태 - 시동 버튼 입력 및 엔진 상태 판단

변속 레버(Lever)의 위치를 확인 후에 자율주행 모드로의 진입이 결정되어야 한다. 레버의 위치가 D(Drive)단 상태임을 확인하고, 운전자의 자율주행 제어권 전환 의사를 확인한 후 자율주행 모드가 시작 되어야 한다. 정체 구간에서 운전자의 일시적인 의도로 P(Parking)단 상태로 변속하거나 고속 주행 후 주행 및 평지 등에서 N(Neutral)단으로 위치를 변경할 경우 자율주행으로의 진입은 불가능한 상태가 유지되어야 한다.

자율주행 모드로 주행 중 운전자의 조작에 의해 변속 레버 위치가 변경될 경우 자율주행 모드는 해지되어야 한다. 그 이유는 자율주행 알고리즘의 명령값에 의해 더 이상 요구 주행 방향과 주행 속도를 유지하기 위한 제어가 연속될 수 없기 때문이다. 운전자의 오작동에 의해서도 변속 레버 위치가 변경될 수 있는 만큼 변속 레버의 위치는 자율주행 모드의 진입과 유지를 판단함에 있어 중요한 요소이다. 또한, 수동 변속기 차량의 경우 자율주행을 위한 속도 제어가 불가능한 만큼 대상 차량 세그먼트(Segment) 시점에 확인되어야 한다.

그림 3.33 차량 상태 - 변속 레버 위치 판단

차량 상태 판단 중에서 차량의 후드(Hood), 트렁크(Trunk), 운전석 도어(Door), 조수석 도어 및 선루프(Sun Roof)의 열림 상태를 확인해야 한다. 후드와 트렁크의 열림 상태에서는 차량의 안전한 주행 상태를 유지할 수 없다. 만약 주행 중에 열림 상태가 발생한다면 차량에 장착된 센서들의 물리적 가림 현상이 발생할 수 있어 인지 과정을 수행할 수 없게 된다.

또한 운전석, 조수석 및 뒷좌석 문이 완전히 닫히지 않은 상태인 경우 차량에 탑승한 승객을 보호할 수 없고, 만약에 사고 발생할 경우 대규모 인명 사고로 확장될 수 있는 만큼 모든 문 열림 상태가 확인되어야 한다.

자율주행 모드 상태에서 문열림 상태가 확인될 경우 탑승자에게 이 사항을 알람을 통해 인지 가능하게 해야 하며, 자율주행 모드의 유지 여부는 주행 상황 판단 및 전략에 따라 결정할 수 있다.

그림 3.34 차량 상태 - 문 열림 상태 판단

자율주행 알고리즘은 최소 시간, 최소 경비 및 선호 도로 등의 우선 기준으로 출발지로부터 목적지까지 자율주행자동차가 주행해야 할 경로에 대해 전역적 경로 계획과 지역적 경로 계획을 설계한다. 차량의 현재 연료 상태로 목적지까지 도달하지 못한다고 판단될 경우 고속도로의 경우 휴게소(Service Area)를 경로 계획에 포함되어야 할 것이다.

전기자동차 기반의 자율주행자동차의 경우 계절별 온도 조건에 의한 주행 가능 거리의 변동폭이 크고, 배터리 충전에 수십 여분의 시간의 발생하는 만큼 주행 경로와 시간을 계획하는데 고려되어야 요소가 된다.

그림 3.35 차량 상태 - 연료 부족 상태 판단

운전자가 수동 모드로 주행하는 상황에서 전방차 또는 합류하는 차량에 의해 급정차 상황이 발생하는 상황에서 운전자가 자율주행 모드로의 진입을 시도 할 경우 자율주행 모드 활성하는 금지되어야 한다. 차량에 장착된 센서들을 통해 전방차와 충분한 차간 거리(Headway)를 예측할 수 있으나 급격한 좌우 선회 도로와 상하 경사도로의 경우 불가능한 상황이 발생할 수 있다.

외부 트래픽 차량에 의한 급감속과 별도의 도로 위 인프라 환경에 의해 차량에 급감속도가 발생하는 상황에서 자율주행 모드로의 진입은 불가하다. 자율주행 모드에서 이런 상황에 발생할 경우 차량은 AEB(Autonomous Emergency Braking)로 전환되어야 하는 만큼 운전 제어권을 운전자에게 전달하는 절차 없이 자율주행 모드는 즉시 해지되어야 한다.

그 밖에도 외부 충격에 의한 에어백(Airbag)이 전개된 상태에서도 자율주행 모드는 즉각 해지되어야 한다. 에어백의 전개는 차량에 발생한 큰 감속도에 의해 활성화 되는 만큼 정상적인 차량의 주행 환경에서 나올 수 없는 감속도 발생할 경우 자율주행 모드는 즉시 해지 되어야 한다. 에어백이 전개된 상황에서 자율주행 모드가 해지 되지 못하고 유지될 경우 더 큰 사고로 확장될 수 있는 만큼 이에 대한 대비가 마련되어야 한다. 운전자의 경우 차량의 제어권을 이향 받아 제어할 수 있는 시간과 행동이 제한적인 만큼 이에 대한 대비가 필요하다.

이런 상황을 대비하여 자율주행자동차에는 초위험 상황이 발생할 경우 차량에서 대응 가능한 MRM(Minimum Risk Maneuver)과 EM(Emergency Maneuver)에 대한 주행 전략이 확보되어야 한다.

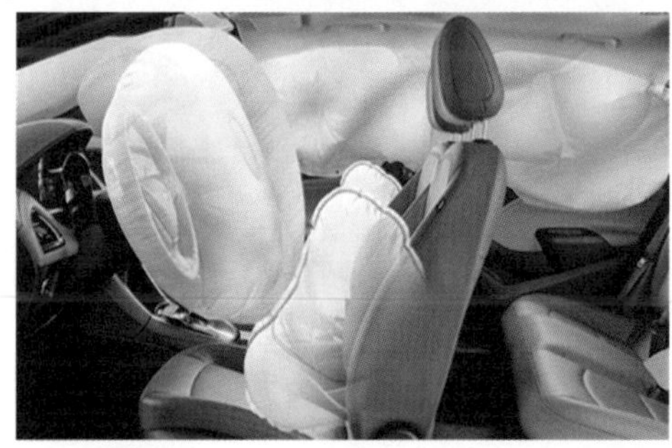

그림 3.36 차량 상태 - 차량 발생 감속도 수준 판단

기상 환경과 도로 환경에 종속된 조건이긴 하지만 현재 차량이 주행하고 있는 도로 위의 상황이 폭우 또는 폭설 상태임을 판단한 후 자율주행 모드로의 진입 여부가 결정되어야 한다. 차량에 이미 설치된 빗물 감지 센서, 카메라 센서와 와이퍼(Wiper) 작동 속도 등의 정보를 통해 폭우 여부를 예측할 수 있어야 한다.

폭설 판단의 경우 자율주행자동차가 해결해야 할 극복 기술에 해당된다. 현재는 폭설 여부를 카메라 센서, 레이더 센서 및 라이다 센서 등의 가림으로 예측 시도하고 있으나 정확도는 매우 부족한 상황이다. HD Map이나 V2X를 통해 기상 환경 정보를 전달 받을 경우 기상 상황에 따른 자율주행 진입과 해지에 활용할 수 있다.

폭우와 폭설 상황에서 도로 노면에 마찰 계수가 0.3 ~ 0.5 (μ) 수준을 유지한다. 그러므로 노면 조건의 변경에 따른 자율주행자동차에서 사용 가능한 제동 감속도가 변경된 만큼 충분한 제동 거리를 확보해야 된다. 차량의 파워트레인(Powertrain) 출력 구동력에 비례하는 가속력과 제동 페달 입력에 비례하는 감속도와 인공지능(Artificial Intelligence)을 통해 노면 마찰력 추정을 시도하고 있으나 정확도가 부족하여 양산 차량에 적용되기까지는 많은 기술 개발의 노력과 시간이 걸릴 것으로 판단된다.

그림 3.37 차량 상태 - 폭우 및 폭설 상태 판단

차량 상태 판단 중에서 타이어 공기압 상태 모니터링도 중요한 항목에 해당된다. 타이어 공기압에 따라 도로 노면과의 마찰 표면적이 변경되고 편향 주행이 발생하게 되어 자율주행 제어 알고리즘의 속도와 조향 제어량에 직접적인 영향을 주기 때문이다.

현재 양산 차량에 TPMS(Tire Pressure Monitoring System) 장착이 의무화 되어 있는 만큼 각 휠의 공기압 측정이 가능하고, 특정 휠에 공기압이 낮을 경우 이에 대한 선별이 가능한 상태이다. 따라서 TPMS의 경고등 점등 여부와 불 균형적인 타이어 공기압 상태를 확인하고 자율주행 모드로의 진입과 유지 여부가 결정되어야 한다.

도로 노면 마찰력과 타이어 마찰력(Grip)은 자율주행 제어량을 결정하는데 핵심적인 요소이므로 이에 대한 모니터링과 제어 활성화 여부에 대한 충분한 판단과 고민이 필요하다.

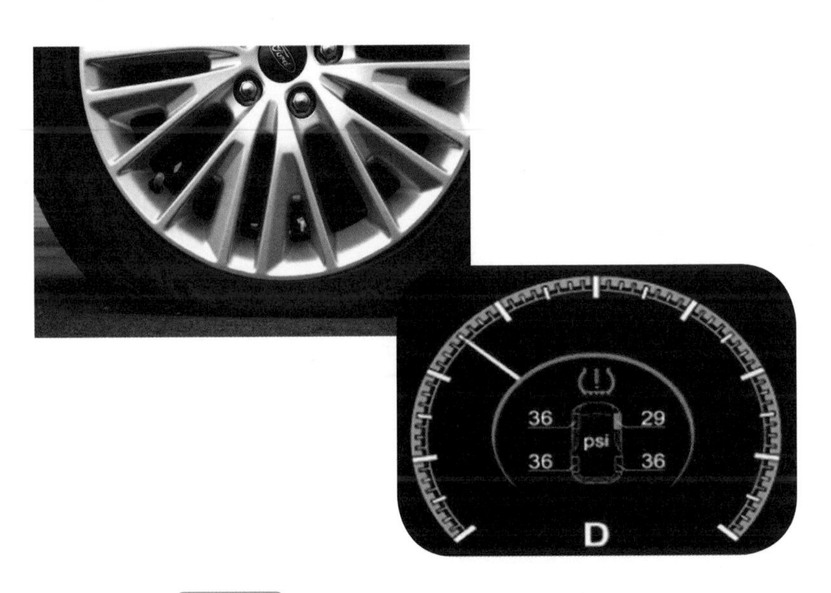

그림 3.38 차량 상태 - 타이어 공기압 상태 판단

조향 핸들과 제동 페달의 작동 여부는 운전자의 조작에 의해 판단이 가능하다. 운전자의 조작과는 무관하게 EPS(Electric Power Steering)와 ABS(Anti-lock Brake System) / ESC(Electronic Stability Control)의 섀시 시스템(Chassis System)에 고장 및 이상 작동 상황을 판단하여 자율주행 모드로의 진입, 유지 및 해지 여부가 결정되어야 한다.

자율주행 제어 알고리즘은 주행에 필요한 요구 경로 제어 액추에이터(Actuator)로 EPS가 활용된다. 그러므로 EPS의 고장 상태 여부를 확인하지 않거나, EPS 내부에 TAS(Torque Angle Sensor)의 오프셋(Offset)이 허용 수준을 유지하고 있는지에 대해 모니터링 하지 않을 경우 정밀한 경로 제어는 불가능하게 된다.

자율주행자동차의 속도 제어는 엔진 기반의 파워트레인 구동력과 휠의 제동력을 제어하고 있는 ABS/ESC 모듈을 이용하여 속도를 제어하는 것이 가장 효율적인 방법이다. 이런 상황에서 ABS/ESC 시스템을 구성하는 휠 스피드 센서 및 압력 센서들에 오프셋 값이 발생할 경우 정확한 속도 제어 및 차간 거리 제어를 할 수 없게 된다.

그러므로 조향과 제동 섀시시스템의 작동 상태, 오프셋 상태 및 고장 상태에 대한 DTC(Diagnosis Trouble Code)를 확인하고 자율주행 모드의 활성화와 비활성화 여부를 판단 과정이 필수적이다. 이 두 섀시시스템의 경우 자율주행자동차를 제어하는 핵심 모듈인 만큼 이중화(Redundancy) 구조가 필수적으로 구현될 가능성이 높다. 따라서 이중 모듈에 대한 고장 검출, 고장 분리 및 고장 보상의 과정과 자율주행 제어 진입 활성화 판단이 복합적으로 고려되어야 한다.

그림 3.39 차량 상태 - 섀시시스템 상태 판단

운전자가 수용 가능한 자율주행을 위해서는 ADAS(Advanced Driver Assistance System) 제어 활성화 상태에 따른 자율주행 모드로의 진입 여부가 판단되어야 한다. 여기서 포함되는 첨단운전자 보조시스템은 AEB, SCC(Smart Cruise Control), LKAS(Lane Keeping Assist System), ACSF(Automated Commanded Steering Function) 및 SPAS(Smart Parking Assistance System) 등이 해당된다.

ADAS 기능은 운전자의 편의와 안전을 제공하는 시스템으로서 운전자에게 조향 제어와 속도 제어의 기능을 제공한다. 자율주행 Lv.1 ~ 2단계에 해당되는 ADAS 기능의 현재 작동 상황과 기능 사용 가능 여부를 확인하고 높은 단계인 Lv.3 ~ 4로의 확장 가능 여부를 판단해야 된다. 이를 위해서는 현재의 ADAS 기능을 해지하고, 운전자가 차량의 제어권을 회수한 후에 자율주행 모드로 진입하는 방법이 있고, ADAS 기능에서 자동적으로 자율주행 모드로 확장되는 방법이 있을 수 있다.

자율주행 Lv.1 ~ 2단계와 Lv.3 ~ 4단계의 사용 목적과 운전자 개입 범위가 서로 차이가 있는 만큼 기존의 ADAS 기능과 자율주행 가능 모드를 구분하는 것이 적합한 방법이 될 수 있다. 기존 ADAS 기능의 경우 대부분 Tier 1 ~ 2 부품사들이 제작하는 경우들이 대부분이고, NCAP(New Car Assessment Program) 프로토콜(Protocol)을 대응하고 있으므로 현재의 완성도를 유지하는 것이 현명할 수 있다. 자율주행 제어 알고리즘의 경우 완성차 업체가 진행하거나 완성차 업체와 합작 회사가 신규로 개발되는 만큼 이 두 시스템의 인지, 판단,

제어의 알고리즘을 통합하기에는 많은 개발 시간과 검증의 절차가 필요할 것이다.

그럼에도 불구하고 자율주행 모드로 주행하는 상황에서 긴급 제동 및 선회 주행의 상황이 발생할 수 있는 만큼 궁극적으로 이 두 시스템을 통합 제어할 수 있는 최상위 제어기(Supervisor Controller)가 개발되어야 하며, 가장 이상적인 환경은 통합 ECU(Electronic Control Unit) 환경에서 자율주행과 관련된 모든 기능이 구현되는 것이다.

그림 3.40 차량 상태 - ADAS 시스템 상태 판단

1.2 주행 전략 결정 기술

주행 전략은 총 5 가지로 정할 수 있다. 완성차 기업이 설계한 자율주행자동차의 자율주행 기능이 활성화되고 유지될 수 있는 조건을 운영설계영역인 ODD(Operational Design Domain)로 구간을 설정해 놓고 있다. ODD 구간에서 동적운전임무(DDT : Dynamics Driving Task)를 진입하기 다음의 4 가지 상황에 대한 사전 확인이 필요하다. ① 도로 환경 조건, ② 트래픽 출현 조건, ③ 운전자 조작 조건, ④ 차량 상태 조건을 확인하고 운전자가 제어권을 차량에게 전환했을 경우 몇 초 (s) 안에 자율주행 모드로의 주행이 가능한 상태임을 확인해야 한다.

자율주행 Lv.1~4단계 수준의 경우 자율주행의 작동 조건에 대한 운행설계영역은 시간적, 환경적, 기후적 및 차량 상태의 동역학적 조건에 따라 자율주행 모드로의 진입, 유제 및 해제 등의 수준을 결정할 수 있다. 앞장에서 소개한 주행 상황 판단 기술과 운행설계영역이 자율주행 진입 가능 조건에 만족할 경우 차량은 자율주행 모드로 진입할 수 있는 초기화 상태가 완료되어 Standby(대기) 상태로 진입하게 된다. 이 상태에서 운전자는 Auto Pilot(자율주행) 명령을 차량에 명령할 수 있고 이 순간부터 차량은 자율주행 모드로 주행하게 된다.

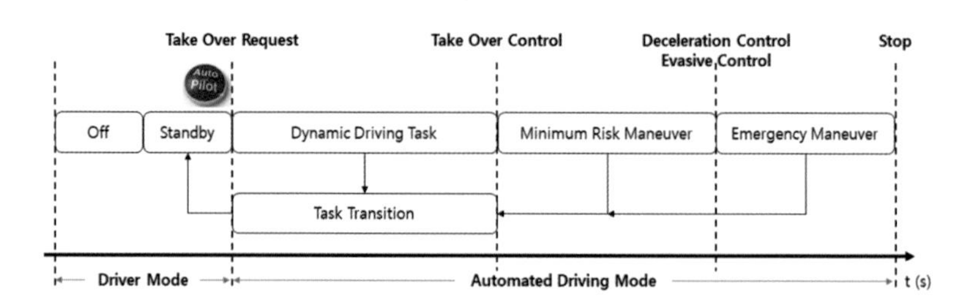

그림 3.41 자율주행 상태 천이

차량의 자율주행 모드는 DDT(Dynamic Driving Task) 상태로 정의되고, 가속 페달 및 감속 페달 제어에 의한 종방향 제어, 조향 핸들 제어에 의한 횡방향 제어 기능을 수행하게 된다. 이 과정에서 도로 환경과 도로 위의 객체 인식, 분류, 추척(Tracking) 등의 과정으로 주행 환경을 모니터링하고, 자율주행 차량과 환경 및 객체와 이벤트가 발생할 경우 제어 전략을 유지도 변경하게 된다. 가장 이상적인 자율주행은 운전자가 차량 제어권을 차량에게 전달하고 출발지점부터 목적지까지 도달하기 위한 전역적, 지역적 경로를 생성하고 주행 상황에 따라 정속, 가속, 감속, 정차, 차선변경, 차선유지 등의 제어를 수행하는 것이다.

그림 3.42 DDT - TT 상태천이 조건에 운전자 상태 조건

DDT 상태에서 주행 상황 판단 과정으로부터 자율주행 모드가 유지될 수 없는 상황으로 예측 및 확인 될 경우 상태 천이(TT : Task Transition)로 인해 수동 운전 모드로 전환되게 된다. 이 과정에서 운전자가 차량 제어가 가능한 상태임을 차량 내부 카메라 및 기타 센서를 이용하여 충분히 확인하고, 일정한 시간 (수 s) 안에 완료되어야 한다.

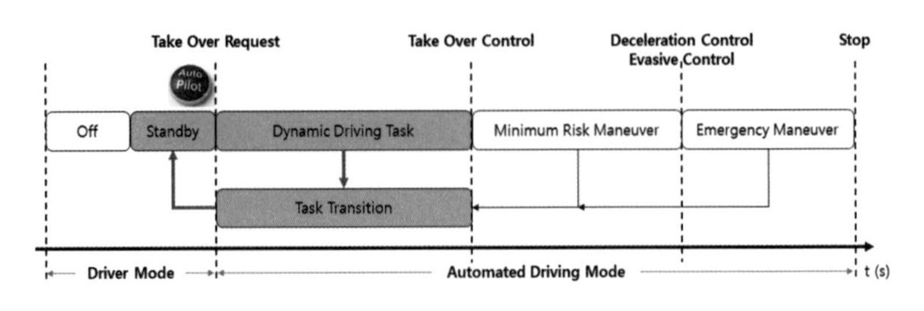

그림 3.43 Standby → DDT → TT 상태 천이

Dynamic Driving Task 상태와 Task Transition 상태로의 상태 천이는 단방향으로만 이동되고, Task Transition 이후 Standby 상태로 진입할 경우 운전자의 별도 자율주행 모드로의 진입 명령이 없을 경우 대기 상태를 유지해야 한다.

자율주행 모드로 주행하는 상황에서 도로 환경, 운전자 입력, 객체 출현 및 기타 자율주행 기능을 유지할 수 없는 이상 상황이 발생할 경우 최소위험대응(MRM : Minimum Risk Maneuver)로 진입해야 한다. 자율주행 Lv. 단계 수준에 따라 대응 전략은 변동될 수 있고 가장 소극적인 전략은 운전자에게 차량 제어권을 전달하는 것이다. 운전자가 전방을 주시한 상황에서 자율주행 상황을 유지하고 있는 상태임이 확인될 경우 MRM 상태로 진입할 경우 운전자는 조향 핸들과 감가속 페달을 제어하여 비상 상황에 대한 대응을 주체적으로 조치해야 한다. 자율주행 Lv. 4 ~ 5 단계의 경우에는 차량이 충돌 위험 상황을 해소하기 위해 가장 외곽 갓길로 또는 기타 안전지대로 차량을 이동하는 제어 전략이 필요하다.

자율주행 모드가 DDT → MRM → TT 상태로 진입한 상황에서 자율주행 모드인 DDT로 다시 진입하기 위해서는 MRM 진입을 결정하게 된 이벤트의 해소(Resolve) 여부를 포함하여 차량의 자율주행 재진입 가능 상태 모두를 확인된 후에 진행되어야 한다.

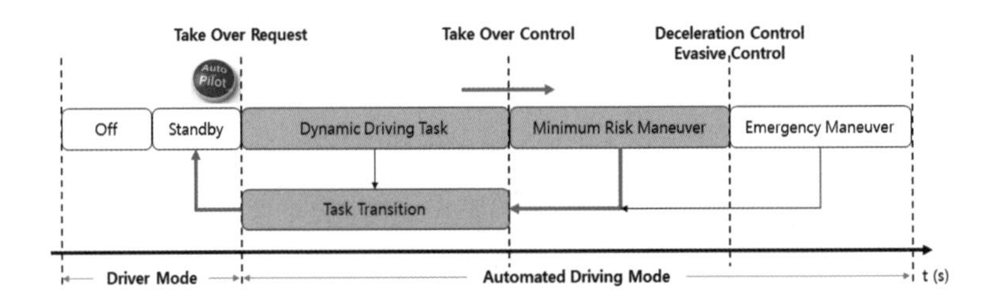

그림 3.44 DDT → MRM 상태 천이

자율주행 모드인 DDT 상태가 유지되지 못해 MRM 상태에 진입했음에도 불구하고 운전자의 적절한 조치가 없거나, 차량의 안정 상태를 유지하지 못한다고 판단 될 경우 긴급회피(EM : Emergency Maneuver) 모드로 진입된다. 또는 DDT 상태에서 예상하지 못한 사고 상황에 직면할 경우 즉시 EM 모드로 즉시 진입하게 된다.

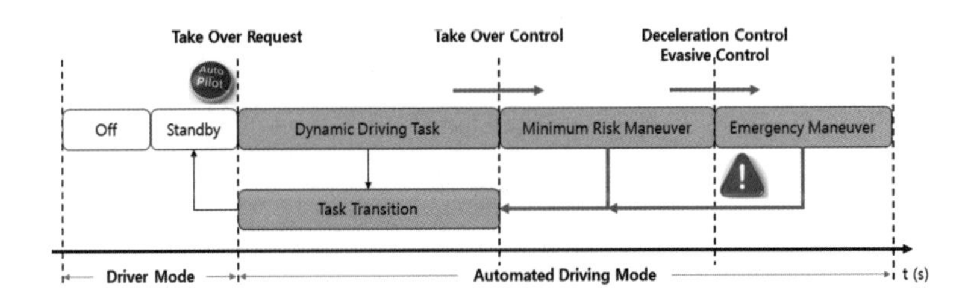

그림 3.45 DDT → MRM → EM 상태 천이

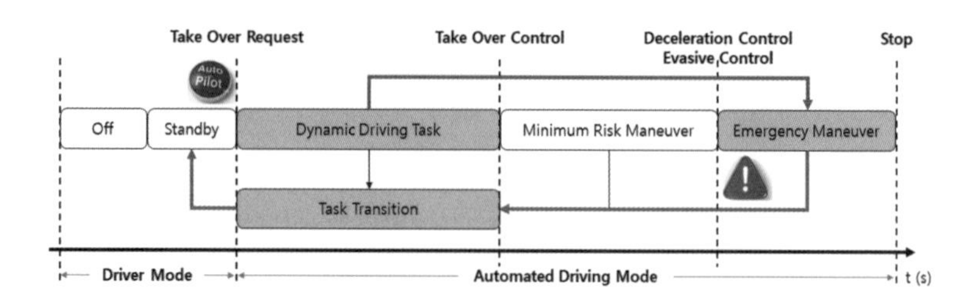

그림 3.46 DDT → EM 상태 천이

자율주행자동차가 EM 모드로 진입할 경우 차량에서 할 수 있는 적절한 제어 전략 선택은 그리 많지 않다. 차량의 주행 속도와 노면 상태가 허용할 수 있는 최대의 감속도로 정차하며, 비상등을 점등하는 수준일 것이다. EM 모드로 진입할 경우 높은 단계의 자율주행은 낮은 단계인 AEB(Autonomous Emergency Braking), ESA(Evasive Steering Assist) 시스템을 활용하는 것이 가능하다.

그림 3.47 DDT → EM 상태 천이 상황 제어 전략

2 주행 경로 생성 기술

다양한 도로의 형태와 실시간으로 변하는 도로 위의 객체 조건에서 자율주행 자동차 주행 경로를 계획하는 것은 매우 복잡하고 어려운 과정이다. 고속도로의 경우 차량의 과속 주행을 허용하는 만큼 도로 형태의 대부분이 직선 도로와 곡률이 크지 않은 곡선 도로로 구성되어 있고 진출로와 진입로 등의 일부 구간에 한하여 곡률이 큰 구조를 가지고 있다. 도심 도로의 경우 삼거리, 사거리의 형태의 도로가 지역적 지형 특성에 맞게 도로의 주행 각도가 반영된다.

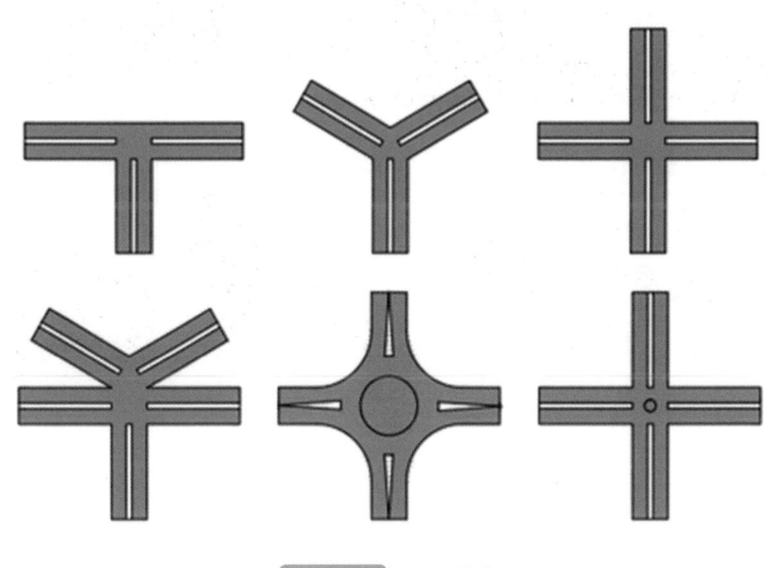

그림 3.48 도로 형태

도로 조건에 따라 차량만 주행 가능한 자동차 전용도로, 고속도로와 오토바이, 자전거 및 보행자가 존재할 수 있는 도심 도로가 있다. 조건에 따라서는 다양한 도로 위 구조물들이 공존하게 되며, 이런 조건에서도 최적의 주행 경로를 계획하고 주행이 가능하도록 자율주행자동차를 운영해야 한다.

그림 3.49 도로 위 다양한 객체

자율주행자동차의 경로 계획은 비용 함수(Cost Function)로 최적의 경로를 결정하게 된다. 이 과정에서 고려할 수 있는 비용은 주행 거리, 시간, 비용, 연비 및 안전성 등이 포함된다. 주행 거리를 최소로 하는 경로를 생성할 경우 도로 이용 요금의 발생으로 비용은 상승할 수 있게 되므로 최적 도로 운영 조건, 시간 및 운전자 선택에 따라 변경될 수 있고, 다항식의 구조로 복수개의 변수로 구성이 가능하다.

만약, x축과 y축의 좌표 평면을 주행하는 자율주행자동차가 있을 경우 주행 거리를 최소 경로 계획을 선택할 경우 다음과 같이 나타낼 수 있다.

$$f(x, y) = \sqrt{x^2 + y^2} \tag{3.1}$$

$$\min_{x, y} f(x, y) \tag{3.2}$$

식(3.2) 로부터 f가 0이 되는 것은 주행 거리를 최소화하는 비용 함수가 계산된 것이며 경로 계획이 최적의 상태로 반영되었음을 의미한다. 하지만 이동 거리는 물리적으로 0이 될 수 없으므로 자율주행자동차의 주행 경로점은 식(3.3)과 같으므로 이동 거리는 식(3.4)와 같이 유도할 수 있다. 여기서 p_1은 시작점, p_n은 도착점이 된다.

$$P = [p_1 \cdots p_n] \tag{3.3}$$

$$f(P) = \sum p_n \tag{3.4}$$

그러므로 주행 경로점의 비용 함수의 최소화는 아래와 같이 표현할 수 있다.

$$\min_{P} f(P) \tag{3.5}$$

위의 과정을 통해 시작점 p_1과 도착점 p_n을 주행하는 최소 경로를 결정하게 된다. 앞서 설명한 바와 같이 이와 같은 최적 경로 생성을 위한 비용 함수는 거리, 비용, 시간 등의 가중합으로 정의된 조합의 형태로 정의할 수 있다.

2.1 SLAM Simultaneous Localization And Mapping 알고리즘

SLAM 알고리즘 정의

SLAM 동시적 위치 추정 및 지도 제작 기술로서 자율주행자동차의 경로 생성을 위해 기법으로 활용이 가능하다. 자율주행자동차가 임의의 도로 위에서 이동할 경우 도로 환경을 인지 및 인식함과 동시에 현재의 위치를 추정하게 된다. 현재 시점에서 정확한 차량의 위치를 기반으로 다음 시점에 주행해야 하는 경로를 결정할 수 있는 만큼 이 두 과정은 경로 계획에 핵심 기술 중 하나이다.

SLAM 알고리즘 상세

SLAM은 레이더, 라이다 및 카메라 등의 센서 출력값의 신호 처리 과정을 거쳐 자율주행자동차의 움직임, 객체 인식, 객체 추적 과정을 거쳐 자세 선도 등록과 선도 최적화 단계를 거치게된다. SLAM을 이용할 경우 자율주행자동차가 주행하기 위한 측위 인식(Localization) 과정과 동시에 3차원 지도 제작이 가능해진다.[8, 9]

자율주행자동차에 장착된 센서의 위치와 센서에서 취득한 도로 위 주요 지형지물(Landmark)에 대한 환경 모델을 추정한다. 센서로부터 계측된 움직임과 특징점 정보로부터 자세 선도를 생성하는 추정된 지역적(Local) 지도를 생성한다. 하지만 센서를 이용할 경우 오차값은 항상 발생하게 되고, 이를 개선하기 위해서는 칼만 필터(Kalman Filter) 및 파티클(Particle Filter)의 확률 기법을 이용하여 선도 최적화(Optimization) 과정을 거쳐 최종 지도를 보정한다.

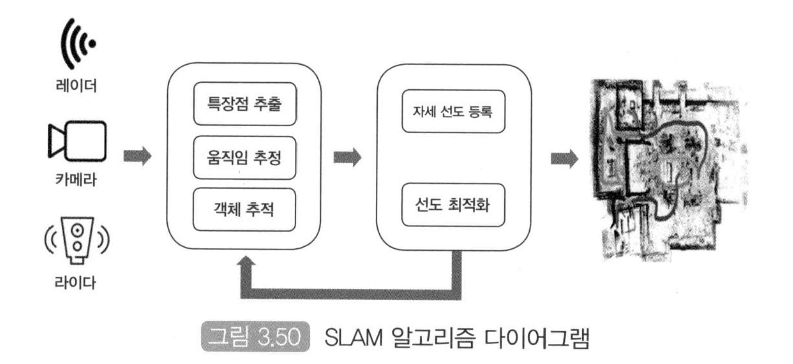

그림 3.50 SLAM 알고리즘 다이어그램

SLAM의 세부 알고리즘은 아래의 그림으로부터 이해할 수 있다. SLAM 알고리즘에서 주요 지형지물(Landmark)은 주행하는 도로 상에서 자차(Ego Vehicle)의 위치를 정확히 식별할 수 있는 위치 좌표를 표현할 수 있는 변하지 않는 도로상의 특징점이라고 할 수 있다. 도로 상의 지형지물의 모서리, 경계면, 차도 연석 및 고정형 도로 구조물 등이 이에 해당할 수 있다.

여기서 x_t는 t 시간의 자율주행자동차의 상태 벡터(State Vector)로서 자차의 도로상의 위치와 헤딩 방향의 관계된 변수이며, $x_{0:t}$는 시작 시점으로부터 t라는 시간까지의 이동한 궤적의 집합이 된다. u_t는 x_t인 상태 벡터를 결정하는 제어 변수이며, 이전 샘플링 시간인 t−1 시간에 입력된 제어값은 현재 시간은 t 시간에 위치와 헤딩 방향을 결정하는 변수가 된다. $u_{0:t}$는 시작 시점으로부터 t라는 시간까지의 이동하게 된 제어 명령값의 집합이 된다. 또한 z_t는 t 시간에 자율주행자동차 센서로부터 인식한 도로상의 지형지물 특징점의 위치 데이터가 되고, $z_{0:t}$는 시작 시점으로부터 t라는 시간까지의 자율주행자동차의 센서를 이용하여 인식한 주요 지형지물의 집합이 된다. 마지막으로 m_i는 t 시간으로부터 독립된(Independent) 변수로서 자율주행자동차의 센서가 인식한 주요 지형지물의 집합이 된다.

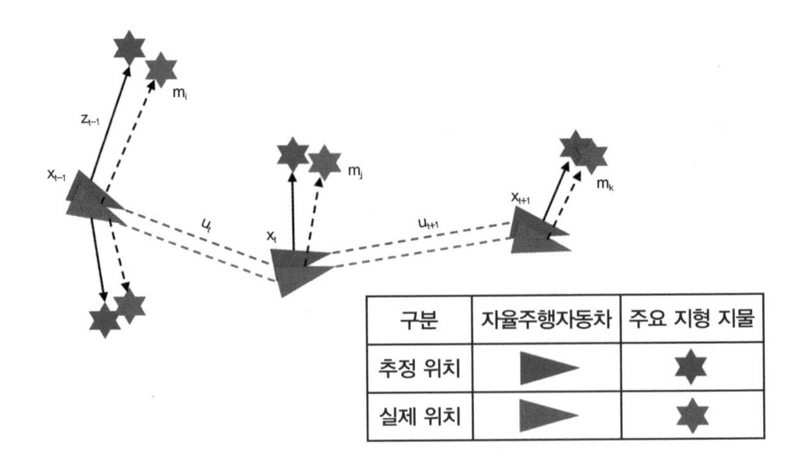

그림 3.51 SLAM 알고리즘 상세

위의 그림에서 $X = \{x_0, x_1, \cdot\cdot\cdot, x_t\}$ 는 자율주행자동차가 x_0 시작 위치로에서 x_t 라는 도착 위치까지 이동한 위치를 $M = \{m_i, m_j, \cdot\cdot\cdot, m_k\}$ 는 주행하는 도로 환경의 지도 데이터를 $U = \{u_1, \cdot\cdot\cdot, u_t\}$ 는 자율주행자동차의 입력을 의미한다. 이럴 경우 SLAM 알고리즘은 아래와 같이 확률 식으로 나타낼 수 있다.

$$p(X, M \mid Z, U) = p(x_{0:t}, m \mid z_{1:t}, u_{1:t}) \quad (3.6)$$

2.2 데이크스트Dijkstra 알고리즘

데이크스트Dijkstra 알고리즘 정의

시작 정점으로부터 나머지 정점까지 이동함에 있어 최단 거리를 연산하는 알고리즘이다. 복수개의 정점이 있을 경우 출발점으로부터 가장 낮은 값(비용)을 가진 정점으로 이동한다. 단 과거에 이동한 종점일 경우 최단 가중치를 갖는다고 하여도, 경로상에서 제외하고 방문하지 않은 모든 정점을 순회하는 전략으로 최단 경로를 찾아 갱신(Update)하는 알고리즘이다.

데이크스트 Dijkstra 알고리즘 상세

자율주행자동차가 아래의 그림과 같이 경로를 이동할 경우 발생하는 전체 비용은 아래와 같다. A 노드를 출발점으로 하여 모든 노드로 이동할 경우 데이크스트 알고리즘이 경로를 결정하는 방법은 다음과 같다. 출발점을 A 노드라고 가정할 경우 B, C, D, E 노드로의 비용은 아래의 표와 같이 무한대(Infinite)로 설정된다.

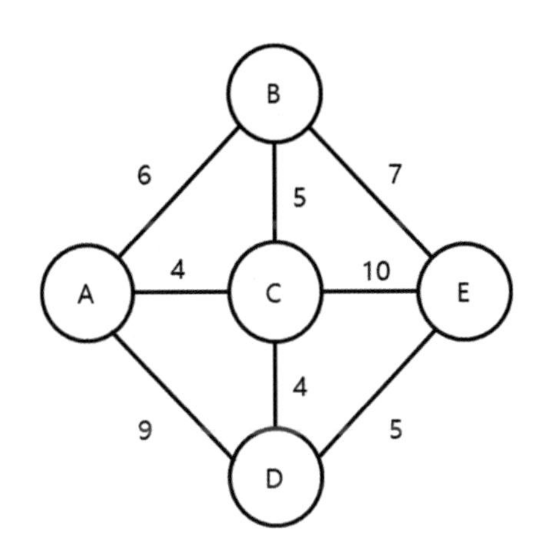

그림 3.52 데이크스트(Dijkstra) 알고리즘 상세

표 3.1 데이크스트(Dijkstra) 알고리즘 1차 과정

노드	비용
A	∞ (무한대)
B	∞ (무한대)
C	∞ (무한대)
D	∞ (무한대)
E	∞ (무한대)

자율주행자동차가 시작점인 A 노드에 도착할 경우 시작점에서 방문이 가능한 노드들에 대한 비용을 갱신(Update)할 경우 아래의 그림과 같으며, 그때의 노드별 비용은 아래의 표와 같이 나타낼 수 있다. 초기 상태에서 비용은 무한대(Infinite)였고, A 노드 방문 시의 비용은 A 노드 → B 노드 비용 6, A 노드 → C 노드 비용 4, A 노드 → D 노드 비용 9 이다. 가장 작은 비용을 선택하여 갱신하는 연산 과정이 데이크스트 알고리즘 이므로 초기 비용인 무한대보다 모두 작은 값이 되므로 갱신하게 되고, A 노드 → E 노드는 직접적으로 연결되어 있지 않으므로 발생 비용을 알 수 없어 무한대를 그대로 유지하게 된다.

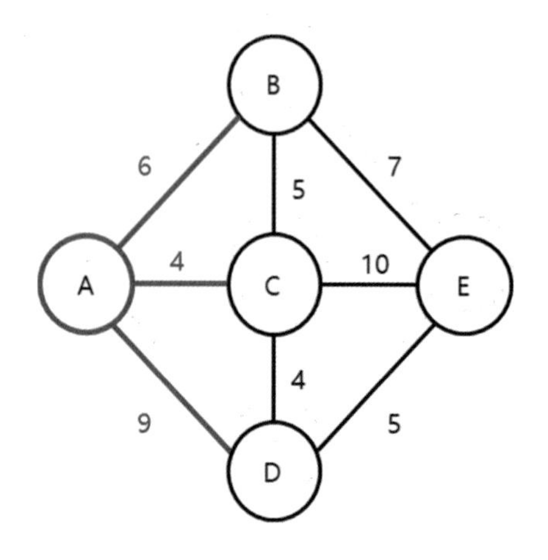

그림 3.53 시작점 A 노드 비용 계산과 갱신

표 3.2 데이크스트(Dijkstra) 알고리즘 2차 과정

노드	비용
A	0 (갱신)
B	6 (갱신)
C	4 (갱신)
D	9 (갱신)
E	∞ (무한대)

C 노드로 도착할 경우 가중치를 다시 계산한다. A 노드에서 D 노드로 이동하는 비용은 9이고, A 노드 → C 노드 → D 노드로 이동하는 비용은 8이 되므로 더 작은 값인 8로 갱신한다. C 노드에 연결된 노드는 B 노드, D 노드, E 노드이며, A 노드 → C 노드 → E 노드 비용은 14 이므로 기존의 무한대 보다 작게 되므로 작은 값인 14로 갱신한다.

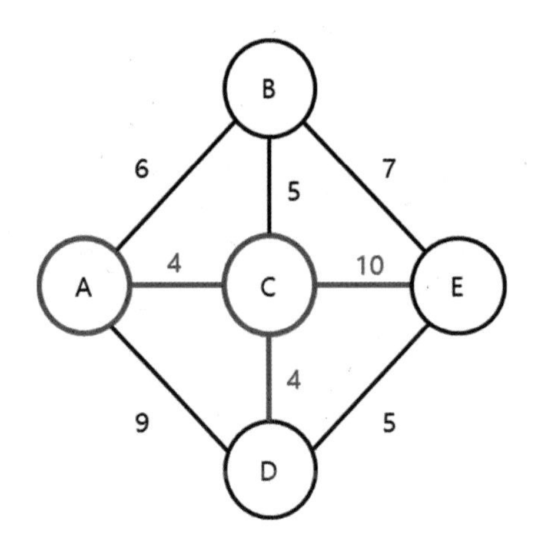

그림 3.54 C 노드 비용 계산과 갱신

표 3.3 데이크스트(Dijkstra) 알고리즘 3차 과정

노드	비용
A	0
B	6
C	4
D	8 (갱신)
E	14 (갱신)

D 노드에 도착한 상태에서 비용을 다시 계산한다. A 노드 → C 노드 → E 노드 비용은 14 이고, A 노드 → C 노드 → D 노드 → E 노드로 이동하는 비용은 13 이므로 더 작은 값은 13 으로 갱신한다.

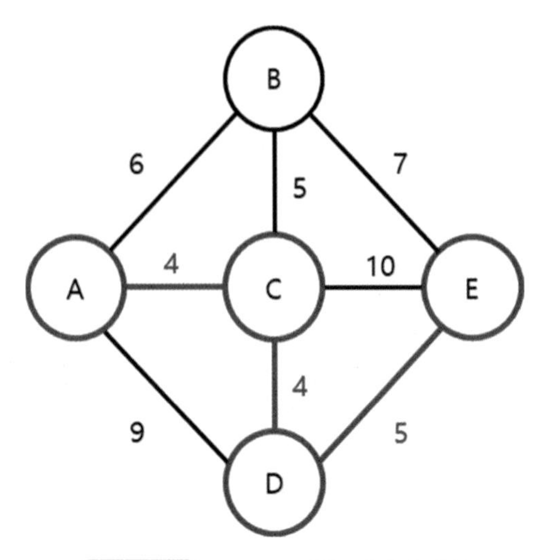

그림 3.55 E 노드 비용 계산과 갱신

표 3.4 데이크스트(Dijkstra) 알고리즘 4차 과정

노드	비용
A	0
B	6
C	4
D	8
E	13 (갱신)

마지막으로 한번도 방문하지 않은 B 노드로 이동하고 더 이상 갱신할 비용은 없고 모든 노드에 대해 방문을 완료하였으므로 경로 계획은 종료되게 된다. 데이크스트 알고리즘을 이용하여 모든 노드를 방문하는 경로 계획은 A 노드 → C 노드 → D 노드 → E 노드 → B 노드로 비용을 최소 발생 비용으로 결정하게 되고, 모든 비용은 기존값과 비교의 과정을 거쳐 작은 값을 선택하게 된다. 여기서 비용은 앞서 소개한 바와 같이 거리, 시간, 비용 및 안전성 등의 변수로 반영이 가능하다.

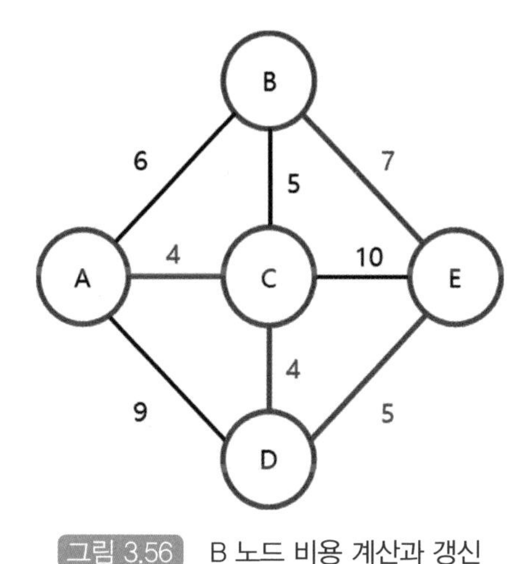

그림 3.56 B 노드 비용 계산과 갱신

표 3.5 데이크스트(Dijkstra) 알고리즘 5차 과정

노드	비용
A	0
B	6
C	4
D	8
E	13

참고문헌

[1] Hafiz Halin, Wan Khairunizam and Hasimah Ali, "Autonomous Vehicle: Introduction and Key-elements", Journal of Physics: Conference Series, Asian Conference on Intelligent Computing and Data Sciences, 2021.

[2] Susilawati Susilawati, Wei Jie Wong and Zhao Jian Pang, "Safety Effectiveness of Autonomous Vehicles and Connected Autonomous Vehicles in Reducing Pedestrian Crashes", Transportation Research Record Journal of the Transportation Research Board, 2022.

[3] Baicang Guo, Qiang Hua, Lisheng Jin, Xianyi Xie and Zhen Huo, "Analysis of Driving Control Characteristics in Typical Road Types", Sustainability 2022, 14(2), 782, 2022.

[4] Chaoyang Wang, Xiaonan Wang, Hao Hu, Yanxue Liang and Gang Shen, "On the Application of Cameras Used in Autonomous Vehicles", Archives of Computational Methods in Engineering 29(8), 2022.

[5] Lucas Franceschi and Jorge Destri Júnior, "A Method to Assess the Interpretability of Road Markings and Traffic Signs for Autonomous Vehicle Traffic", SSRN Electronic Journal, 2022.

[6] Daniel Grunstein and Ron Grunstein, "Are Autonomous Vehicles the Solution to Drowsy Driving?", International Conference on Intelligent Human Systems Integration, 2020.

[7] Lunbo Xu, Shunyang Li, Kaigui Bian and Tong Zhao, "Sober-Drive: A smartphone-assisted drowsy driving detection system", 2014 International Conference on Computing, Networking and Communications, 2014.

[8] Kaan Yilmaz, Baris Suslu, Sohini Roychowdhury and L. Srikar Muppirisetty, "AV-SLAM: Autonomous Vehicle SLAM with Gravity Direction Initialization", 2020 25th International Conference on Pattern Recognition (ICPR), 2021.

[9] Bingyi Cao, Ricardo Mendoza, Andreas Philipp and Daniel Gohring, "LiDAR-Based Object-Level SLAM for Autonomous Vehicles", 2021 IEEE/RSJ International Conference on Intelligent Robots and Systems (IROS), 2021.

04

자율주행자동차의 제어 기술

1 종방향 제어 기술
2 횡방향 제어 기술
3 통합 제어 기술
4 MPC(Model Predictive Control) 제어

자율주행자동차의 제어 기술

자율주행자동차의 제어는 크게 종방향 제어와 횡방향 제어로 나눌 수 있다. 종방향 제어는 자율주행자동차 전방에 있는 자동차, 보행자, 자전거 및 고정형 인프라와 안전한 차간 거리를 유지하는 제어를 실시한다. 횡방향 제어는 자율주행자동차가 주행하는 도로위에서 차로를 유지하거나 차로를 변경하기 위한 제어를 실시한다. 차량의 종방향 제어와 횡방향 제어는 제어 상황에 맞에 동시에 통합된 형태로 협조 제어의 형태로 운영된다.[1]

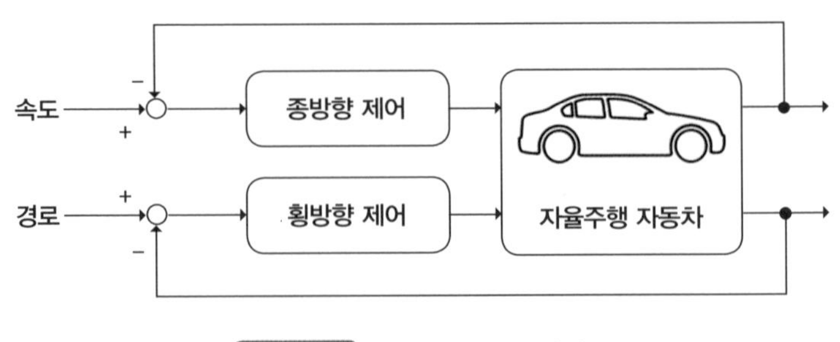

그림 4.1 자율주행 제어 개념도

1 종방향 제어 기술

자율주행자동차의 종방향 제어기는 아래와 같이 상위 제어기와 하위 제어기로 구분할 수 있다. 상위 제어기는 레이더, 카메라 및 라이다 등으로부터 인식된 전방의 객체와의 상대 거리, 상대 속도 및 방향 등의 정보를 토대로 요구 속도(Desired Velocity) 또는 요구 가속도(a_{des} : Desired Acceleration)를 출력한다. 일부 신생 자율주행자동차 기업을 제외하고 완성차 업체가 포함된 대부분 기업에서는 자율주행 Lv.1단계 수준인 SCC(Smart Cruise Control) 시스템에서 사용했던 바와 같이 요구 감가속도를 출력하는 것이 일반적이다.

자율주행자동차는 전방의 객체와의 상대 거리와 상대 속도 정보를 기반으로 차량의 기준 속도(V_{ref} : Reference Velocity)와 현재의 차량 속도(V_{veh} : Vehicle Velocity)를 비교하여 가속과 감속 여부를 결정한다.

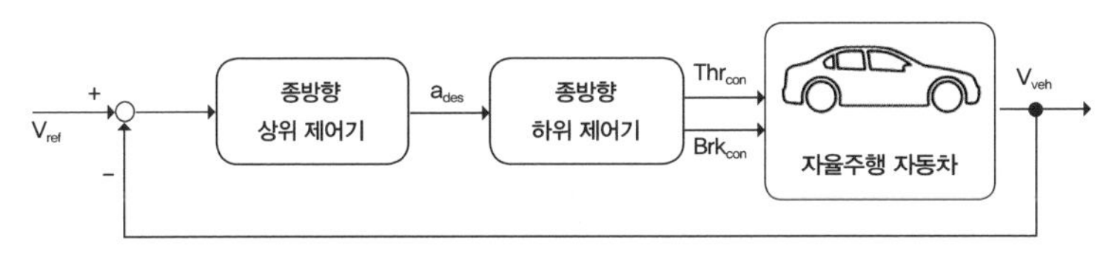

그림 4.2 종방향 제어 다이어그램

요구 가속도 $a_{des} > 0$ 조건일 경우 차량은 가속하게 된다. 가속도의 양은 전방 객체와의 충돌이 발생하지 않는 안전한 거리까지 도로 허용 속도 또는 운전자가 설정한 속도 도달까지 지속된다. 이와 반대로 요구 가속도 $a_{des} < 0$ 조건일 경우 전자 제동 모듈에 의해 차량은 감속하게 될 것이다. PID(Proportional Integral Differential) 제어 알고리즘을 이용한 종방향 가속도 제어는 아래와 같이 표현된다. 여기서 k_P는 비례 제어 파라미터, k_I는 적분 제어 파라미터, k_D는 미분 제어 파라미터를 나타낸다.

$$\dot{v}_{des} = k_P(v_{des} - v_{veh}) + k_I \int_0^t (v_{des} - v_{veh})dt + k_D \frac{d(v_{des} - v_{veh})}{dt}$$

(4.1)

내연기관 동력원 기반의 자율주행자동차의 경우 ABS(Anti-lock Brake System), ESC(Electronic Stability Control) 모듈을 이용하여 Thr_{con} 스로틀 밸브(Throttle Valve)를 개폐량을 조절하거나 Brk_{con} 유압 제동량을 제어하게 된다. 전기자동차 기반의 자율주행자동차의 경우 모터의 출력 토크, 출력 전류 등을 제어하여 가속도 양을 제어하고, 감속의 경우 회생제동 또는 유압 제동량으로 제어하게 된다.

자율주행자동차 탑승자가 수용할 수 있는 안전한 감가속도 범위는 −3 ~ +3 (m/s^2) 정도의 수준이므로 최고 주행 속도 설계 시 제동 가능한 거리는 충분히 고려되어야 한다. 특히, −3 (m/s^2) 수준으로 제동 중에 새로운 Cut-In 차량이 출현하여 긴급 제동이 필요할 경우 AEB(Autonomous Emergency Braking) 모드로 전환되어 사고를 회피 또는 경감시켜야 하므로 이런 점도 충분히 고려되어야 한다. SCC, AEB 및 자율주행 종방향 제어 알고리즘의 작동 가능 영역과 작동 불가능 영역이 상이한 만큼 이들을 통합 제어할 수 있는 최상위 제어기(Supervisory Control) 개발 시 충분히 검토되어야 한다.

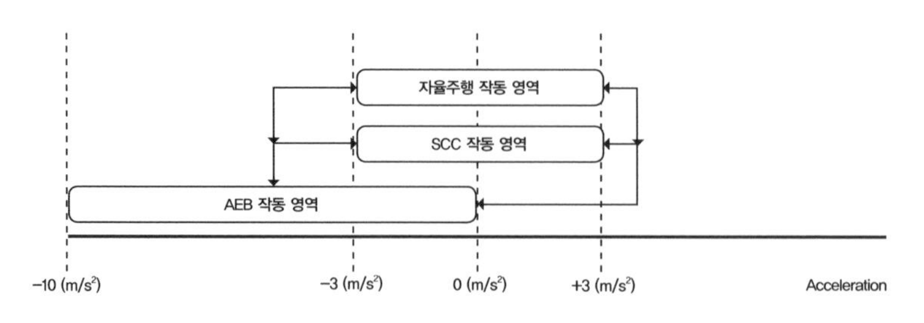

그림 4.3 자율주행 Lv. 별 종방향 제어 영역

2 횡방향 제어 기술

자율주행자동차의 횡방향 제어기는 아래와 같이 상위 제어기와 하위 제어기로 구분할 수 있다. 상위 제어기는 카메라 센서, 라이다 센서 등으로부터 인식된 차선과의 거리, 곡률, 곡률의 변화량 등의 정보를 토대로 요구 경로(Desired Path)를 계산하고 차량에 필요한 요구 조향 토크(t_{des} : Desired Steering Torque) 또는 요구 조향 각도(δ_{des} : Desired Steering Angle)를 출력한다.[2]

카메라 센서와 정밀지도의 도로 위 차선 정보를 기반으로 대상 경유점(p_{ref} : Reference Waypoint)과 차량의 도로 위 위치점(p_{veh} : Vehicle Waypoint)을 비교하여 좌우 조향 각도를 결정한다.

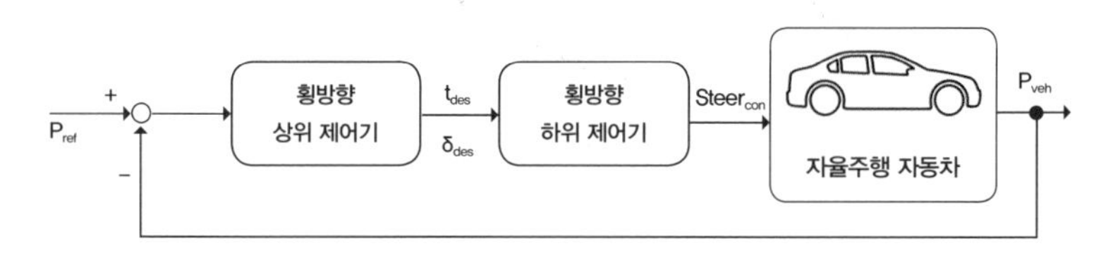

그림 4.4 횡방향 제어기 다이어그램

LKAS(Lane Keeping Assist System)와 ACSF(Automatically Commanded Steering Function) 수준의 자율주행을 구현할 경우 운전자 제어를 보조하는 만큼 핸들링 이질감을 최소화하기 위해 조향 토크 t_{des}를 제어하는 것이 적합하다.

그러나 Lv. 3 단계 수준의 자율주행을 구현할 경우 긴급한 상황을 제외하고 운전자의 핸드오프(Handoff)를 허용하는 만큼 조향 각도(δ_{des}) 제어를 통해 안정적인 차로 유지 및 차선 변경을 실시하는 것이 적합하다. 운전의 핸드 오프 상황은 운전자가 느낄 수 있는 이질감 개선으로부터 자유로울 수 있다는 뜻이 된다. 경로를 유지 또는 변경하기 위한 요구 조향각은 아래의 식과 같이 나타낼 수 있다.

$$\delta_{des} = \psi + \tan^{-1}\left(\frac{ke}{v}\right) \tag{4.2}$$

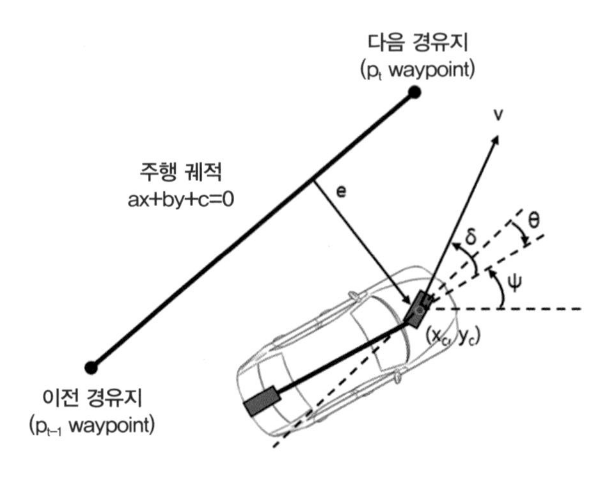

그림 4.5 횡방향 제어 개념

여기서 e는 주행 방향 오차(Cross Track Error), ψ는 차량 헤딩 각도(Yaw Angle), θ는 헤딩 오차(Heading Error), δ는 조향 각도(Steering Angle), xc는 현재 x 좌표 위치, yc 는 현재 y 좌표 위치, k 는 추종 가중치(Gain)를 나타낸다.

자율주행자동차의 전륜 바퀴와 근접한 목표 경유지(Waypoint)의 접선 방향과 차량이 이 접선의 입사 헤딩 방향의 오차로부터 헤딩 각도(ψ)가 결정되고 헤딩 각도를 만들기 위한 조향 각도(δ)가 생성되게 된다.

도로 차선의 폭은 10~15 (cm) 수준이므로 차로 유지와 차로 변경을 안정적으로 유지하기 위해서는 차선 폭의 20~30 (%) 수준으로 조향 시스템을 제어할 수 있어야 한다. 이를 위해서는 높은 해상도로 차선을 인식할 수 있는 카메라 센서, 차선의 위치 좌표값을 가지고 있는 정밀지도, 강건한 제어 알고리즘과 섀시시스템이 통합되어야 한다. 횡방향 제어의 경우 차량과 차선과의 작은 상대 거리에 대한 오차가 차량의 주행 안전성에 크게 영향을 크게 반영하는 만큼 정밀한 제어가 필수적이다.

국내 도로의 경우 도로 폭은 3.0~3.6 (m) 수준이고, 자율주행자동차 탑승자가 수용할 수 있는 안전한 좌우 차로 변경 속도 범위는 −1.0~+ 1.0 (m/s) 또는 −1.2~+1.2 (m/s) 수준이므로 현재의 차량 주행 속도와 도로 곡률, 도로 곡률의 변화량을 고려하여 차량의 헤딩 방향을 정밀하게 제어할 수 있어야 한다. 합류로 분기로의 경우 차로 폭이 변경되는 만큼 횡방향 제어시 충분히 고려되어야 한다.

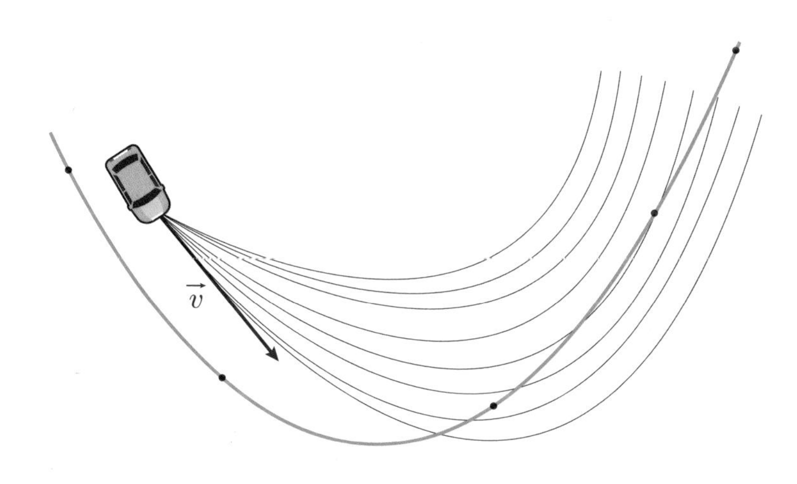

그림 4.6 차로 변경 경로 생성

3 통합 제어 기술

도로 환경, 객체(Object) 판단, 운전자 조작 및 차량 상태를 확인하는 주행 상황 판단, 자율주행 대기 상태, 자율주행 모드 진입과 해지 등의 주행 전략 결정과 주행 경로 생성을 통해 자율주행 제어 알고리즘이 계산한 경로 추종(Trajectory Tracking)을 통해 자율주행자동차의 종방향 제어와 횡방향 제어가 통합된 형태로 운영되게 된다. 자율주행자동차의 가속 명령은 파워트레인(Powertrain) 시스템의 출력을 제어하고, 감속 명령은 제동 시스템의 제동 압력 출력을 제어하며, 차로 변경은 조향 시스템의 조향 각도를 제어하게 된다.[3, 5]

통합 제어의 시작은 현재 차량의 정확한 위치 즉, 측위(Localization)의 과정으로부터 시작되며 객체들의 유무, 종류 및 이동 경로 추종을 통해 정속, 감속 및 가속의 종방향 제어량을 결정하게 된다. 또한 차로 유지 및 차로 변경을 위한 조향 각도 및 조향 각속도의 횡방향 제어량과 통합된 형태로 구성된다. 자율주행자동차의 통합 제어 구성도는 대략 아래의 그림과 같다.

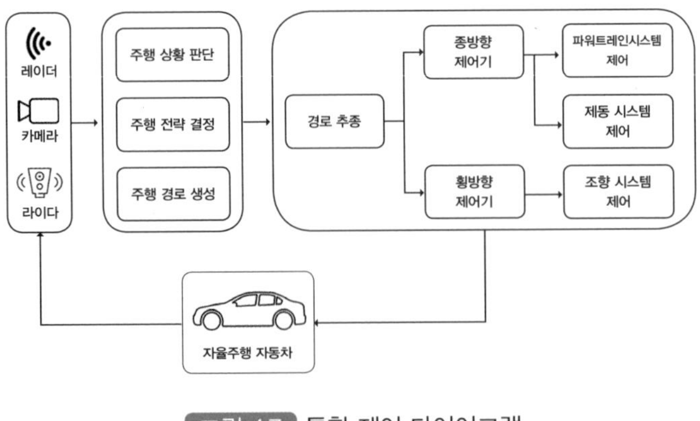

그림 4.7 통합 제어 다이어그램

통합 제어기(ECU : Electronic Control Unit)는 인지, 판단, 제어의 모든 프로세스가 진행되는 것이 적합하다. ADAS(Advanced Driver Assistance System) 기반의 NCAP(New Car Assessment Program) 목적을 위해 개발된 AEB, LKAS, ACSF 등과 자율주행 Lv. 3 단계 수준 이상의 자율주행 제어 알고리즘을 한 개의 제어기로 통합된 형태가 되는 것이 바람직하다. 이를 위해서는 자동차 부품사와 완성차 업체 사이에서 긴밀한 협업이 필수적으로 진행되어야 하고 상위 제어기 개발을 통한 이들 시스템 간의 제어 상태 천이에 대해서도 충분한 고려가 필요하다.

4 MPC Model Predictive Control 제어 기술

MPC(Model Predictive Control)은 모델 예측 제어로서 자율주행자동차의 차량 동역학 모델을 이용하여 차량의 미래 상태 출력 변수를 예측하고 이를 기반으로 경로 계획과 제어에서 설정한 비용 함수(Cost Function)를 최적화(Optimal)하는 제어 기법을 말한다.[4 ~ 6]

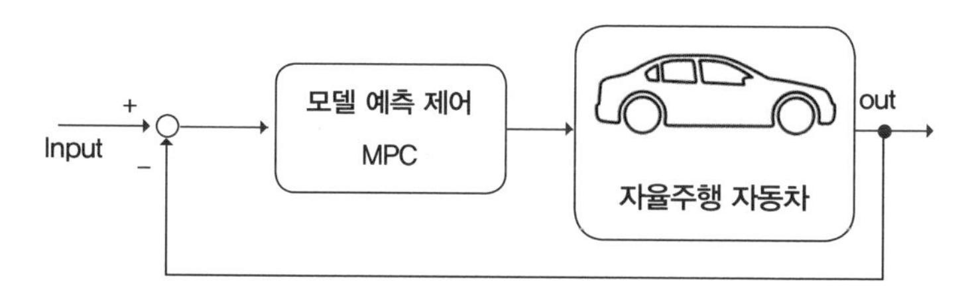

그림 4.8 모델 예측 제어 다이어그램

차량 동역학 모델 상태 공간(State-Space) 방정식은 아래의 식과 같이 나타낼 수 있다. MPC 제어기는 이산 상태 공간에서 차량 동역학 모델을 계산을 수행한다.

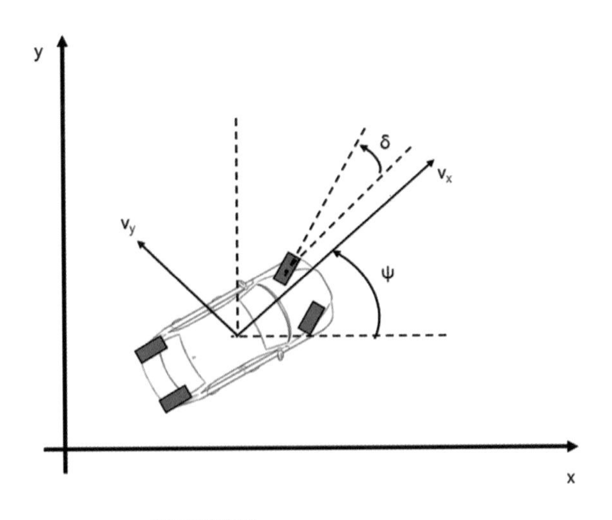

그림 4.9 모델 예측 제어 개념

$$\frac{d}{dt}\begin{pmatrix}\dot{y}\\ \psi\\ \dot{\psi}\end{pmatrix}=\begin{pmatrix}\frac{-2Caf+Car}{mv_x} & 0 & -v_x-\frac{2lfCaf-2lrCar}{mv_x}\\ 0 & 0 & 1\\ \frac{2lfCaf-2lrCar}{I_zv_x} & 0 & \frac{-2l_f^2Caf-2l_r^2Car}{I_zv_x}\end{pmatrix}\begin{pmatrix}\dot{y}\\ \psi\\ \dot{\psi}\end{pmatrix}+\begin{pmatrix}\frac{2Caf}{m}\\ 0\\ \frac{2lfCaf}{I_z}\end{pmatrix}\delta \tag{4.3}$$

$$\dot{y}=v_x\psi+v_y \tag{4.4}$$

여기서 x는 차량의 x축 위치, y는 차량의 y축 위치, v_x 는 종방향 속도, v_y 는 횡방향 속도, ψ 는 차량 헤딩 각도, δ는 조향 각도를 나타낸다. c_{af} 는 전륜 타이어 선회 강성(Cornering Stiffness), c_{ar} 은 후륜 타이어 선회 강성, m 은 차량 무게, l_f 는 차량 무게 중심으로부터 전륜 타이어 까지의 거리, l_r 은 차량 무게 중심으로부터 후륜 타이어까지의 거리, I_z 은 요(Yaw) 관성 모멘트(Moment)를 나타낸다.

참고문헌

[1] Claudiu Pozna, Csaba Antonya, "Proposal of an Autonomous Vehicle Control Architecture", Conference: 2021 IEEE 25th International Conference on Intelligent Engineering Systems. 2021.

[2] Xi Han, Xiaolin Zhang, Yu Du and Guang Cheng, "Design of Autonomous Vehicle Controller Based on BP-PID", IOP Conference Series Earth and Environmental Science, 2019.

[3] Ugo Rosolia, Stijn De Bruyne and A.G. Alleyne, "Autonomous Vehicle Control: A Nonconvex Approach for Obstacle Avoidance", Control Systems Technology, IEEE Transactions on 25(2):1-16, 2016.

[4] Simone Graffione, Chiara Bersani, Roberto Sacile and Enrico Zero, "Model predictive control of a vehicle platoon", 2020 IEEE 15th International Conference of System of Systems Engineering, 2020.

[5] Trieu Minh Vu, Reza Moezzi, Jindřich Cýrus and Jaroslav Hlava, "Model Predictive Control for Autonomous Driving Vehicles", Electronics 10(21):2593, 2021.

[6] John Alsterda, Matthew Brown and J. Christian Gerdes, "Contingency Model Predictive Control for Automated Vehicles", 2019 American Control Conference (ACC), 2019.

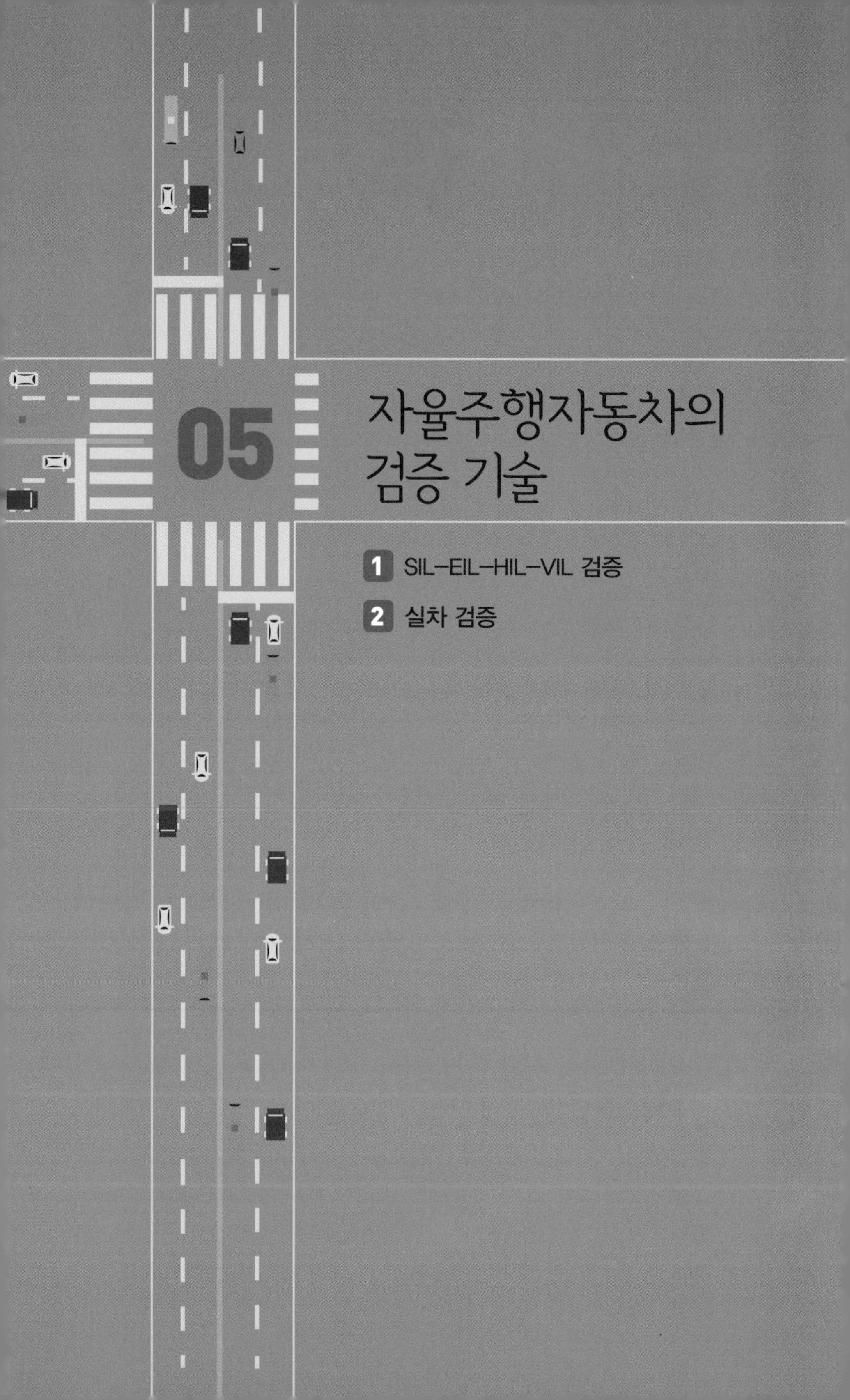

05 자율주행자동차의 검증 기술

자율주행자동차의 검증 기술

자율주행자동차를 검증하기 위해서는 다양한 실제 도로 환경과 가상의 환경 속에서 진행되어야 한다. 자율주행자동차가 사람이 운전하는 수준의 안정도를 유지하며 도로를 주행하기 위해서는 약 4.4억 킬로미터의 주행 데이터가 필요한 것으로 조사되었다. 완성도가 낮은 자율주행자동차 100대를 실도로 FOT(Field Operational Test) 환경에서 운영할 경우 약 12.5년이 소요되는 방대한 주행 거리에 해당된다.[1, 8]

보통의 운전자보다 20 (%) 안전한 주행이 가능한 자율주행자동차를 개발하기 위해서는 약 141.6억 킬러미터 이를 능가하기 위해서는 약 500년의 시간이 필요한 177억 킬로미터의 거리를 주행하며 데이터를 계측하고 수정 및 개선하는 작업이 진행되어야 한다고 한다.

그림 5.1 자율주행자동차 검증 차량 운영

자율주행자동차가 안전하게 개발되었고, 이를 구성하는 H/W와 S/W에 결함이 없음을 제작사가 스스로 증명해야 하는 만큼 그 과정과 방법은 NCAP과 같이 구체적이고 정량적이지 않다. 차량이 운행이 가능한 영역, 범위 및 안정성이 명시된 ODD(Operational Design Domain) 설정 안에서 충분한 검증이 실시되어야 한다.

ODD 영역에는 도로 환경 요소, 주행 운영 제약, 객체, 연결성, 환경 및 지역이 포함되어 있어 모든 조건과 환경에서 실차 검증을 실시하는 것은 사실상 불가능하다. 그러므로 실차 시험과 시뮬레이션 시험 환경에서 동시에 검증되어야 한다.

자율주행자동차의 검증은 V-모델(Model)을 이용하여 개발의 생명주기와 개발 프로세스와 이에 상응하는 검증이 진행되어야 한다. V-모델의 왼쪽 라인은 설계 및 개발 프로세스를 나타내고, 오른쪽 라인은 V&V(Verification & Validation)인 시험과 검증의 프로세스를 나타낸다. V-모델의 왼쪽 라인의 설계 프로세스 진행 과정에도 설계 사양이 만족 되도록 개발되었는지 시험과 검증의 과정이 진행된다.[3]

V&V 과정에서 Verification(확인)은 시스템을 올바르게 개발하고 있는지를 시험하는 과정으로서 개발 단계에 산출물이 각각의 설계 사양에 만족하는지를 확인하는 프로세스이다. 이와 달리 Validation(검증)은 올바른 시스템이 개발되었는지를 시험하는 과정으로서 마지막 단계에서 설계 사양이 만족하는 시스템이 개발되었는지를 확인하는 프로세스이다.

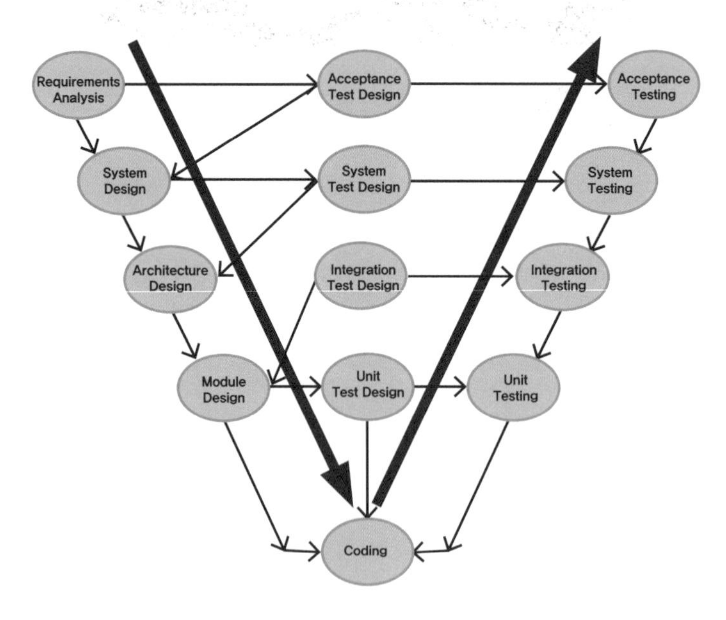

그림 5.2 자율주행자동차 V-모델 검증

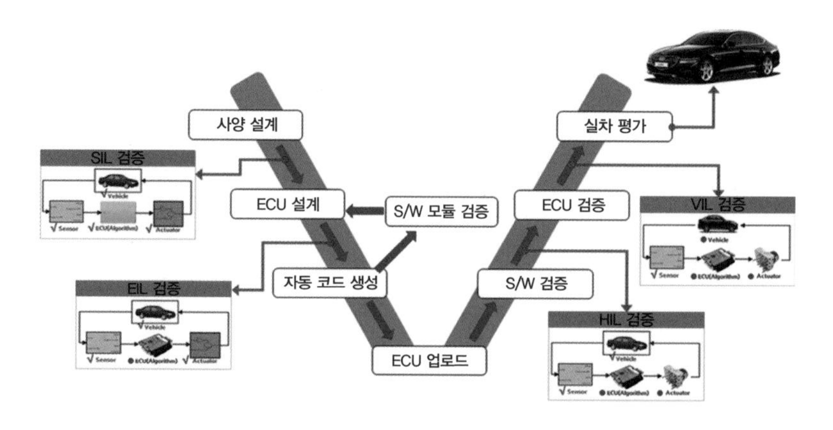

그림 5.3 SIL–EIL–HIL–VIL V 모델 검증

1 SIL-EIL-HIL-VIL 검증

SIL 검증

자율주행자동차의 시스템, 모듈 및 차량의 개발 사양이 정해지면 개발 초기에는 H/W가 없으므로 SIL(Software In the Loop) 검증이 진행된다. 자율주행자동차 핵심 3대 기술인 '인지 - 판단 - 제어'의 개발된 S/W 알고리즘을 시험하는 단계에서 활용이 가능하다.

SIL 환경은 차량, 센서, 제어 알고리즘 및 액츄에이터가 모두 시뮬레이션 모델 개발 및 검증의 대상이 된다. 개발 초기에 센서 인지 영역을 예측하기 위한 차량의 설계 위치를 설정이 가능하고 객체의 출현에 따른 상대 거리, 상대 위치 등을 검증하는데 적합한 환경이다. 또한 고위험 초근접 객체가 출현한 조건에서의 요구 제어량, 차량의 제어 경향성을 파악할 수 있다.

SIL 검증은 실차 시험의 동일한 결과를 만들기 위한 과정일 수 없다. 실제 차량 시험의 경우 조향 및 페달 로봇을 사용하여 동일한 시험 모드로 반복 시험한다고 하더라고 결과 편차를 만들어 내고 있다. 이것은 차량과 노면 비선형성 특성과 온도와 날씨 등이 원인일 것이다.

SIL 검증은 한 개의 시험 조건에서 한 개의 시험 결과값 만을 출력한다. 즉 시험 편차를 만들어 내지 못하므로 이에 대한 한계성을 사전이 감안하고 진행되어야 한다. 자율주행자동차의 제어 경향성 파악과 시작품(Prototyping) 형태의 차량이 확보되기 전 선행 개발과 검증으로 활용할 수 있음을 명심해야 한다.

ODD 조건에서의 도로 환경에 따른 자율주행 모드의 상태 천이와 측위(Localization)에 동일한 반복시험이 가능하고, 악천후 날씨 환경과 실제 차량 사고 주행 데이터 주입에 따른 자율주행 S/W의 강건성을 검증할 수 있다.

실제 차량 시험과 달리 가속화 시험이 가능하므로 인간의 운전 능력을 넘어서기 위한 주행 마일리지인 500년의 시간 177억 킬로미터를 빠른 시간안에 단축할 수 있다. 또한 시험의 재현성이 높아 특정 주행 이벤트에 대해 무한 반복 시험이 가능하다.

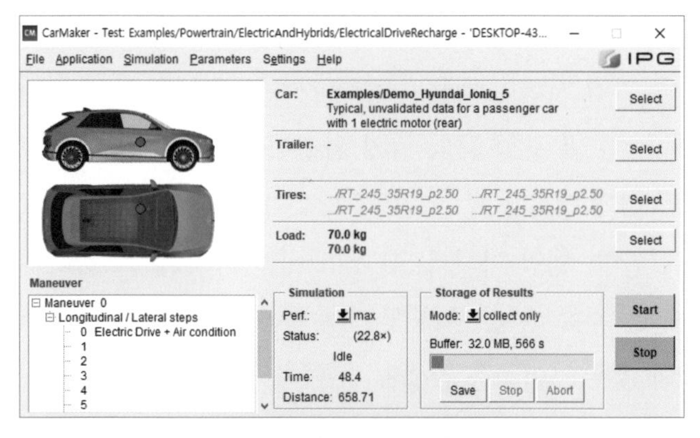

그림 5.4 SIL 검증 S/W Tool

그러나, SIL 환경을 구성하는 차량동역학 모델과 센서 모델의 자유도가 높지 못 할 경우 검증의 정확도는 낮아지는 단점을 가지고 있다. 특히 내연 기관 열, 압축 특성과 타이어와 현가계 시스템의 비선형성 모델의 강건성을 저하 시키는 주요 원인이 된다. 또한 제동 시스템의 유압 모델과 조향 시스템의 모터, 감속기 및 히스테리시스(Hysteresis) 모델 적용은 SIL 검증 수준의 정확성을 결정하는 중요한 요소가 된다. 전기자동차의 경우 모터와 감속기 모델링, 배터리 열(Heat) 모델링 등도 SIL 환경을 완성도를 저해야하는 요소가 된다.

차량동역학의 주행 비선형성은 타이어 모델 집중적으로 영향을 받는 만큼 가속 시험이 허용 가능한 자유도가 높은 모델이 적용되어야 한다. 강우 및 강설 등의 날씨 환경이 센서 인지 능력과 도로 노면의 마찰력에 영향을 주는 만큼 이에 대한 반영 여부도 충분히 고려되어야 한다. 뿐만 아니라 30 (km/h) 이하의 주행 속도에서의 타이어 모델은 저속 주행, 주차 및 제동 주행 상황에서 실제 차량의 거동 특성과 많은 차이점을 발생할 수 있다.

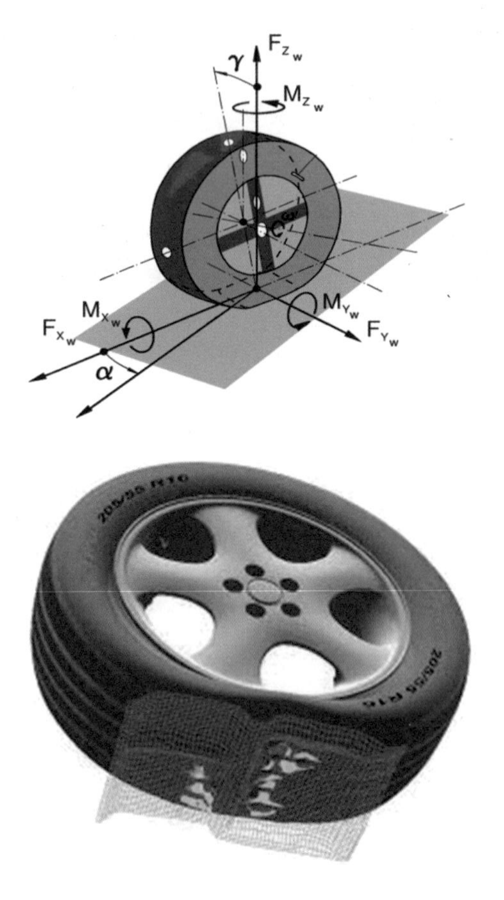

그림 5.5 SIL 검증 – 타이어 모델

차량동역학 모델의 타이어 모델이 도로의 노면과 마찰로부터 연산이 시작되고, 도로 모델 위에 다양한 객체가 출현하고 주행 경로가 생성되는 만큼 정밀한 모델링이 추가되어야 한다. 차량동역학 기반의 S/W와 도로 모델의 생성 환경이 동일하지 못 할 경우 이종의 환경이 실시간(Real-Time) 연산이 보장될 수 있도록 환경이 개발되어야 한다.

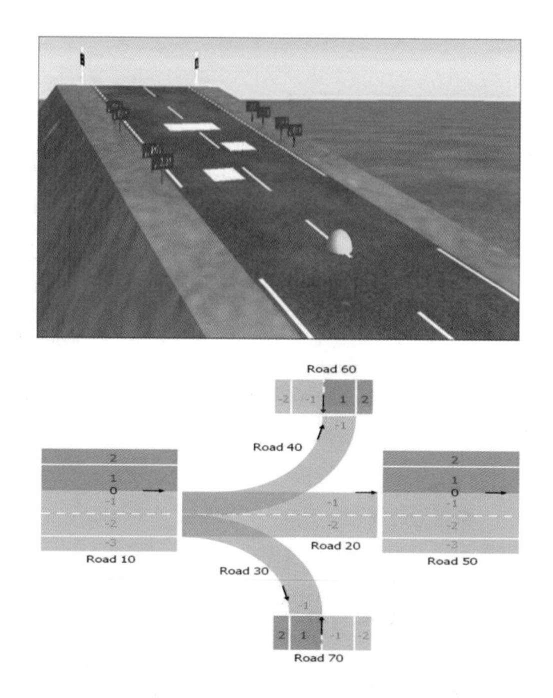

그림 5.6 SIL 검증 – 도로 모델

도로 모델의 경우 정밀지도(HD Map)와 동일한 모델이 구성되어야 자율주행 S/W가 정상적으로 작동할 수 있다. 그런 만큼 실제 도로와 정합성이 높은 도로 모델이 필수적으로 구성되어야 하고 중앙분리대, 합류로, 분기로, 버스전용차로 및 휴게소 등의 도로 인프라가 모두 반영되어야 한다. 표준정밀지도 모델 적용을 위해서는 OpenDRIVE 도로 네트워크를 변환할 수 있어야 한다.

센서 모델링의 경우 FOV(Field Of View)를 확인하고 인지 및 인식 S/W를 검증할 수 있으나 라이다 센서와 같이 초당 수십만개의 레이저빔이 생성되고 반사되는 과정이 구성될 경우 연산량 증가로 인해 가속 시험이 불가능해진다. 센서의 출력 신호를 반사하는 객체(Object)에 정확한 RSC(Radar Cross Section)가 반영되지 못 할 경우 차량과 객체와의 상대 거리와 상대 속도에 오차가 발생하는 만큼 시뮬레이션 환경에서 필히 점검되어야 할 인자에 해당된다.

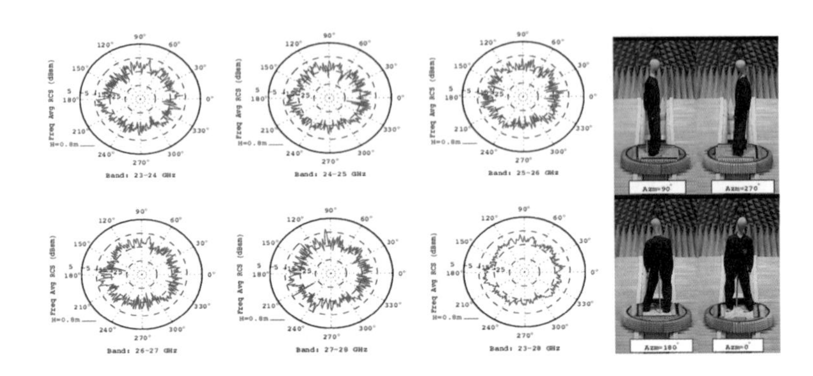

그림 5.7 SIL 검증 - 객체 RCS 모델링

그림 5.8 SIL 검증 - 레이더 센서 모델링

EIL 검증

자율주행 제어 알고리즘이 개발되고 ECU(Electronic Control Unit)에 업로드가 가능하여 임베디드(Embedded) 환경이 구축되면 EIL(ECU In the Loop) 검증으로 확장할 수 있다. EIL 검증 환경을 구성하기 나름이지만, ECU를 기준으로 신호 처리 및 제어 연산에 필요한 모든 H/W 및 S/W 채널이 구성되어야 한다.

ECU 상황에서 자율주행제어 알고리즘의 샘플링 속도, 연산 부하, 메모리 사용 용량 및 오버플로(Overflow)를 평가 할 수 있다. 또한 ECU의 환경적 성능 평가와 전기적 성능 평가를 진행할 수 있다. 자율주행자동차에 ECU가 장착되는 실제 공간을 감안하여 80 (℃) 이상의 고온의 조건에서 ECU의 구동 여부를 검증할 수 있다. 자율주행 ECU에 수랭식 냉각 시스템의 적용 여부를 판단할 수 있다.

그림 5.9 EIL 검증 환경

ECU의 연산 부하를 검증하기 위해서는 SIL 검증 환경과 통합이 필요하다. 자율주행자동차를 중심으로 밀집도가 높은 주변 차량과 Ego 차량의 모든 센서들이 다양한 객체들로부터 반사되어 입력되는 신호들을 처리하는 과정과 센서 퓨전의 연산 과정이 진행될 수 있도록 환경이 구성되어야 한다.

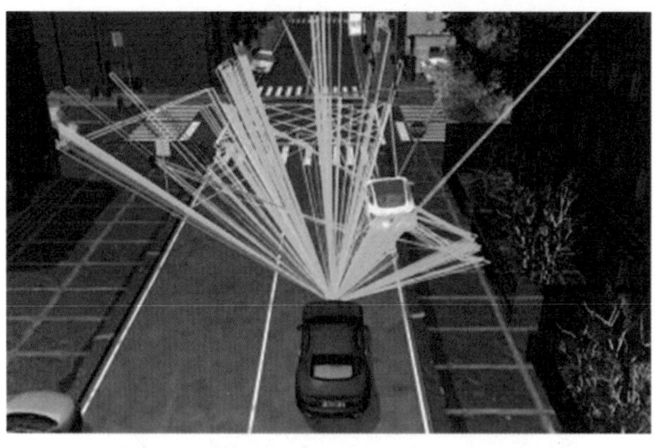

그림 5.10 EIL 검증 - 연산 부하 검증

HIL 검증

HIL Hardware In the Loop) 검증은 자율주행자동차의 검증 대상 액츄에이터, 모듈 등의 실제 H/W가 포함된 검증 환경을 의미한다.[4, 5] 검증 대상에 해당되는 H/W는 자율주행자동차에서 검증의 대상이 되는 액츄에이터와 기구적 부품들이 대상이 된다. 실제 H/W가 시험 환경에 장착되는 만큼 검증 시스템의 실시간성(Real Time)이 포함되어야 한다. 최근의 자동차용 모듈은 ECU와 H/W과 통합된 모듈 형태를 가지고 있으므로 EIL 검증 환경과 통합된 형태로 검증 환경을 구성할 수 있다.

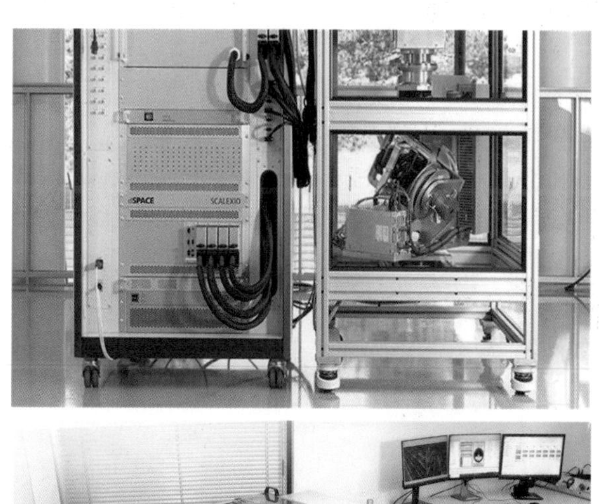

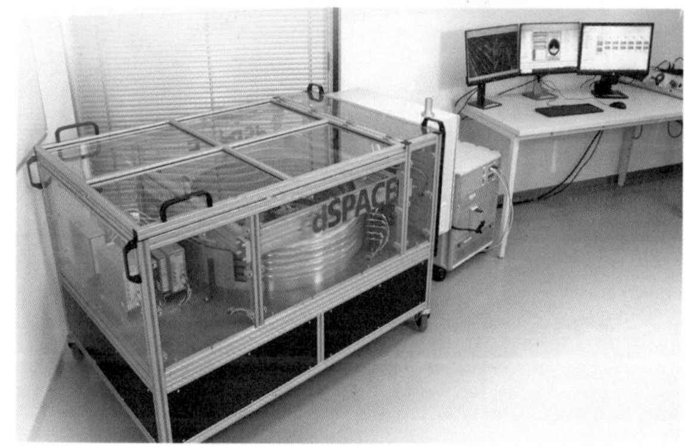

그림 5.11 HIL 검증 환경

SIL 환경과 HIL 환경이 통합될 경우 시뮬레이션 환경의 차량동역학 거동값, 도로 위 객체들과 차량과의 관계에 의해 ECU가 제어량이 연산되고, 요구 제어량이 액츄에이터와 H/W 플랫폼을 작동할 수 있어야 한다. H/W 작동값은 차량의 주행 속도와 주행 경로 등이 변경되어야 하므로 다시 시뮬레이션 차량 환경으로 입력되어야 한다. 이렇게 SIL과 HIL의 통합 검증 환경에서 가장 중요한 요소는 H/W가 실시간으로 작동하고 응답하여 차량 모델과 연동할 수 있어야 가능하다.

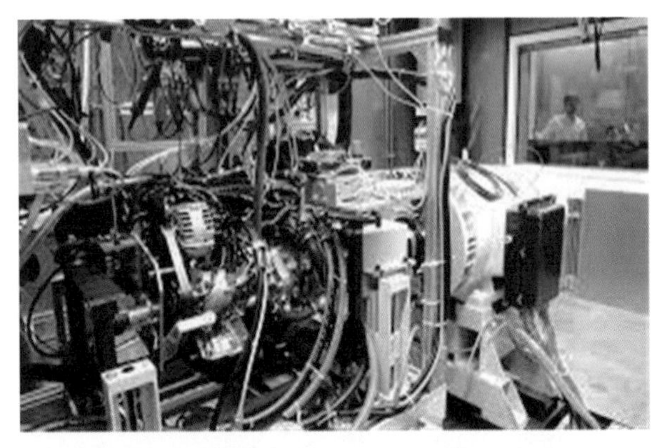

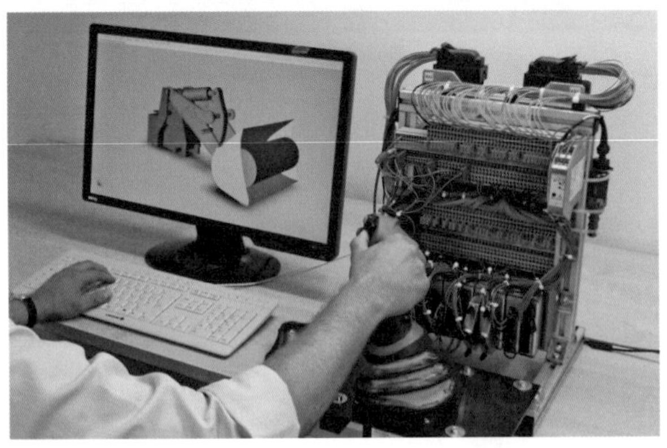

그림 5.12 HIL 검증 - 실시간성 환경

H/W가 포함되는 만큼 H/W의 작동 성능, 내구 성능, 응답 성능 및 NVH(Noise Vibration Harshness) 성능을 평가할 수 있는 장점을 가지고 있다. 시험 환경은 차량 부품의 단위에 따라 대규모화 될 수 있고 환경 시험에 포함할 수 있다. 자율주행자동차의 핵심 부품의 경우 이중화(Redundancy)로 구성되는 만큼 H/W 고장 발생에 따른 Failsafe, Fault Diagnosis & Tolerant Control 시험을 검증할 수 있다. SIL 환경과 달리 차량 대상 검증 부품에 대한 모델링 과정이 포함되지 않고 실제 H/W가 검증 환경에 구성되는 만큼 검증 정합성은 높아지게 된다.

VIL 검증

VIL(Vehicle In the Loop)은 검증 환경에 시험 조건 또는 제어 알고리즘을 제외하고 실제 대상 차량이 포함된 형태로 구성된다.[6] 그러므로 차량동역학 모델링, 액츄에이터 모델링, 타이어 모델링 및 도로 모델 과정으로부터 자유로울 수 있으므로 비선형 특성이 포함된 시험 환경을 구성할 수 있다.

가상의 객체가 출현하는 검증 환경이 구성될 경우 운전자의 운전 집중도를 향상시키기 위해 HMD(Helmet Mounted Display) 환경과 연동할 수 있다. 자율주행자동차의 경우 자율주행 제어권이 유지와 이양에 대한 시험이 진행되어야 하는 만큼 HMD는 향후 VIL 검증 환경에 확대될 것으로 판단된다. HMD 환경으로 출현한 가상의 객체의 경우 실제 객체와의 동일한 수준의 크기를 가지고 있어야 한다. 그 이유는 자율주행자동차와 충돌 여부에 많은 영향을 줄 수 있기 때문이다.

그림 5.13 VIL 검증 - 실시간성 환경

기존의 자율주행자동차가 아래의 그림과 같이 센서와 제어기(ECU)가 연동되는 시스템으로 도식화 할 수 있다. VIL의 경우는 실제 차량의 센서 출력 신호를 물리적으로 끊어내고 가상의 환경에서 출현한 객체와의 상대 거리 및 상대 속도 등의 정보를 대체 하여 제어기의 작동(Activation)을 유도하게 된다.

객체와의 상대 거리 및 상대 속도 등을 정밀도 높게 센서의 입력으로 만들어 내기 위해서는 검증 차량과 객체에 DGPS가 설치되어야 한다. 또한 제어기의 입력이 CAN(Controller Area Network)으로 입력될 경우 CAN 메시지를 검증 차량과 동일하게 만들어 내야 한다.

제어기로 입력되는 센서의 출력 채널이 이더넷(Ethernet) 또는 그 밖의 차량 통신라인으로 구성될 경우 이를 별도로 개발해야 하고, 완성자동차 업체별로 상의한 CAN 통신 규격(Specification)을 맞춰서 입력해야 하는 어려움이 발생한다. 이런 이유로 VIL 환경은 완성차 업체 또는 검증 차량의 통신라인의 규격을 완벽하게 해독할 수 있는 기업만이 실시할 수 있는 한계를 가지고 있다.

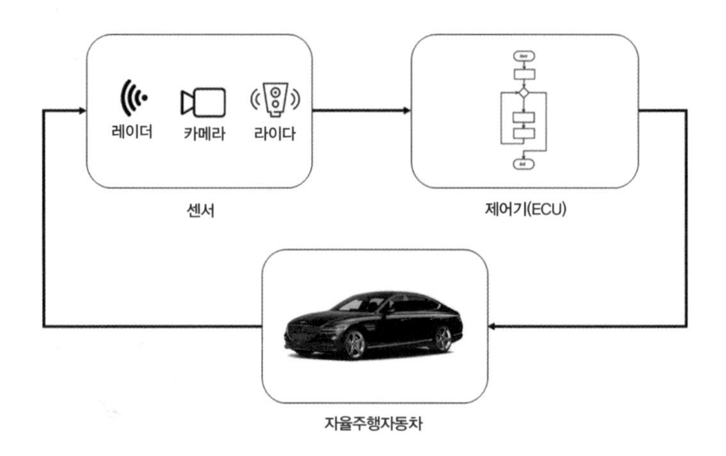

그림 5.14 VIL 검증 – 자율주행자동차 전체 구성도

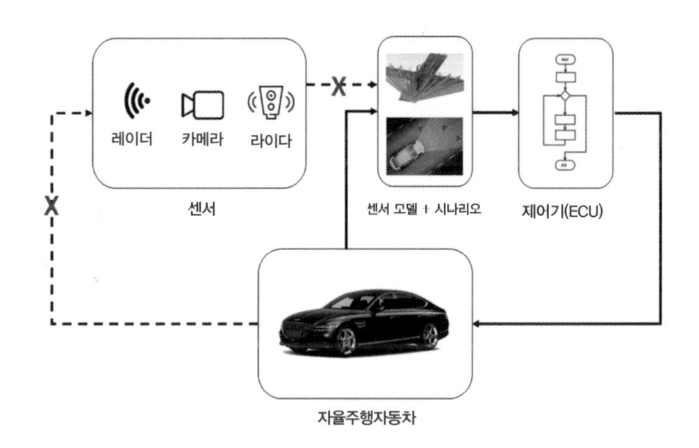

그림 5.15 VIL 검증 – 자율주행자동차 VIL 환경 인터페이스

SIL-EIL-HIL-VIL 검증 환경 비교

표 5.1 SIL 검증 환경 특징

SIL 검증 환경		
구분	내용	개념도
단계	신기술 컨셉 설정 및 알고리즘 선행 개발 단계	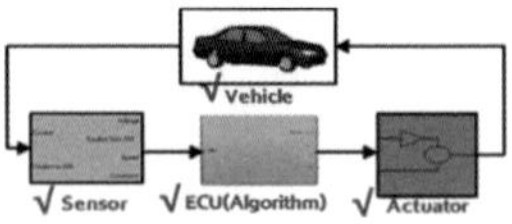 √ Vehicle √ Sensor √ ECU(Algorithm) √ Actuator
범위	① 모델 파트 : 센서, 제어기, 액츄에이터, 차량 ② 실제 부품 : 없음	
검증	① 대상 시스템 작동 타당성 평가 ② 목표 성능 개선 경향성 평가	
한계	① 전체 시스템 모델링 불확실성 일부 포함 ② 기능 경향성 파악으로 복합 영향도 분석 미흡	

표 5.2 EIL 검증 환경 특징

EIL 검증 환경		
구분	내용	개념도
단계	제어기 (ECU) 개발 및 검증 단계	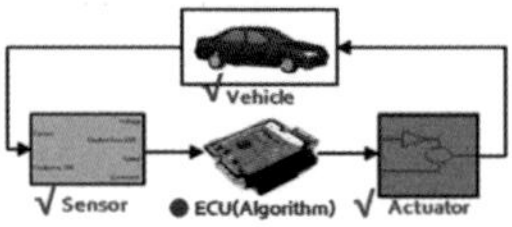 √ Vehicle √ Sensor ● ECU(Algorithm) √ Actuator
범위	① 모델 파트 : 센서, 액츄에이터, 차량 ② 실제 부품 : 제어기	
검증	① 제어기 입력 및 출력 성능 평가 ② 제어기 전기적 고장 및 연산 성능 평가	
한계	① 액츄에이터 모델링 불확실성 일부 포함 ② 주행 거동 안전성 및 개선 영향 분석 미흡	

표 5.3 HIL 검증 환경 특징

HIL 검증 환경		
구분	내용	개념도
단계	액츄에이터 개발 및 검증 단계	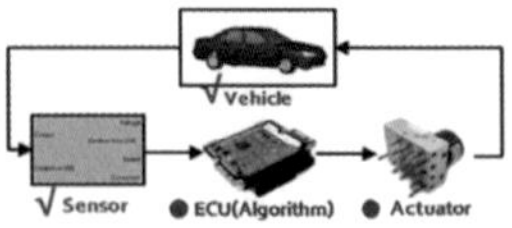 √ Vehicle √ Sensor ● ECU(Algorithm) ● Actuator
범위	① 모델 파트 : 센서, 차량 ② 실제 부품 : 제어기, 액츄에이터	
검증	① 액츄에이터 동작 특성 및 응답 성능 평가 ② 액츄에이터 고장 및 내구 성능 평가	
한계	① 전체 시스템 모델링 불확실성 일부 포함 ② 경향성 파악으로 복합 영향도 분석 불가능	

표 5.4 VIL 검증 환경 특징

VIL 검증 환경		
구분	내용	개념도
단계	차량 개발 및 검증 단계	Vehicle √ Sensor ECU(Algorithm) Actuator
범위	① 모델 파트 : 센서 ② 실제 부품 : 제어기, 액츄에이터, 차량	
검증	① 차량 목표 개선 및 한계 성능 평가 ② 운전자 및 지역별 선호도 경향성 평가	
한계	① 센서 모델링의 불확실성 일부 포함 ② 주행 환경 영향도 불확실성 내재	

2 실차 검증

자율주행자동차의 실차 검증은 센서의 인지 및 인식 성능 집중하는 것이 적합하다. SIL, EIL, HIL, VIL의 검증 환경 모두 센서의 인지 성능과 신호 처리 기능에 대해 검증이 불가능했던 만큼 실차 검증 환경에서는 시간 및 날씨 조건이 포함되는 것이 합리적이다.[7] 특히 카메라 센서의 역광 조건 흐릿한 차선 조건에서 자율주행자동차가 어떻게 반응하고 대응하는지 검증되어야 한다.

그림 5.16 실차 검증 – 센서 한계 사항

도로 모델링 과정에서 반영하기 힘든 공사 구간과 교통 체증에 대해서도 실차 검증이 적합하다. 합류 및 분기로 구간에 발생할 수 있는 긴 구간의 차량 정체 조건에서 자율주행자동차의 차선 합류와 차선 변경의 제어 알고리즘을 검증하는 것이 적합하다.

마이크로 교통 시뮬레이션(Micro Traffic Simulation) 환경을 이용하여 다양한 교통 조건을 검증할 수 있지만, 객체들의 이동 조건이 랜덤하지 않고 고위험군 주행 조건을 만들어 내지 못하며, 실제 도로 조건에서 발생할 수 있는 교통 조건을 만들어 내지 못하는 한계를 가지고 있다.

그림 5.17 실차 검증 - 공사 구간 및 교통 체증 검증

무엇보다 실차 검증의 장점으로는 다양한 주행 조건에서 차량의 제어량을 실제 계측하고 완성도가 낮은 모듈에 대해서는 개선이 가능하다는 것이다. 실도로 주행 환경에서 주행 조건의 기록(Recoding)이 가능할 경우 영상 데이터와 함께 객체들의 움직임이 확보될 경우 SIL 검증 환경으로 연장하여 특정 이벤트에 대한 재현 시험 및 제어량 튜닝이 가능할 수 있다.

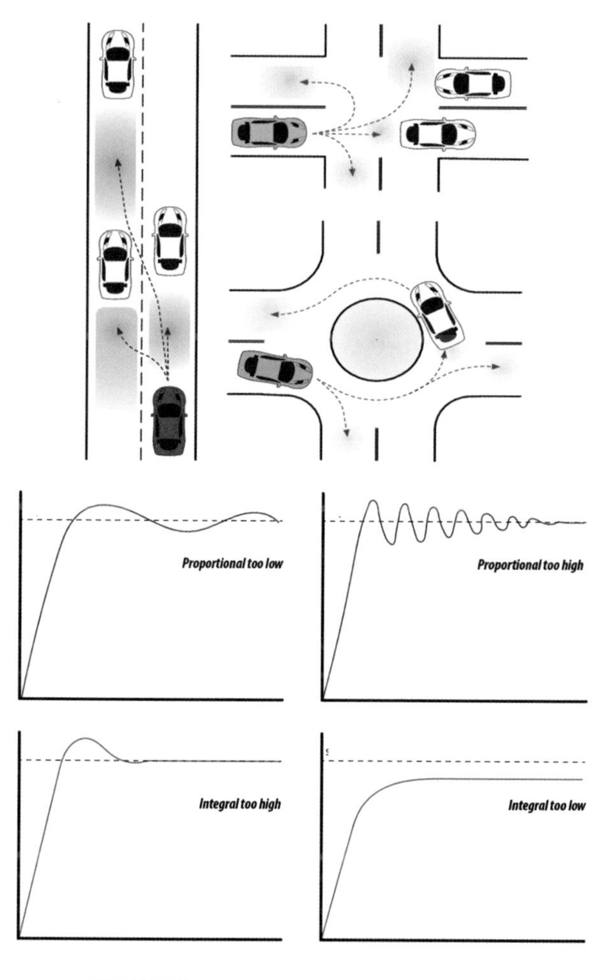

그림 5.18 실차 검증 – 제어량 검증 및 개선

다만, 실도로 주행의 경우 자율주행자동차 개발자가 같이 탑승한 만큼 운전자의 대응이 가능하여 사고 발생이 높은 고위험 주행이 원천적으로 검증할 수 없는 경우가 대부분이다. 단순히 정속 주행과 가감속이 연속되는 형태의 주행 도로 마일리지 누적 시험은 실제로 차량 개발과 검증에 도움이 되지 못한다.

SIL-EIL-HIL-VIL 및 실차 검증의 모든 시험 조건은 각각의 시험 환경에 따라 검증이 가능한 영역과 장단점을 가지고 있다. 따라서 자율주행자동차를 검증하기 위해서는 한가지 검증 환경만으로는 불가능하며 모든 시험 환경이 부품사, 완성차 업체에서 통합된 형태로 운영되는 것이 적합하다.

자율주행자동차의 시험과 검증은 개발의 과정만큼 어렵고 복잡한 기술이다. 전기 전자 기계 및 통신의 기술들이 포함된 통합된 차량 형태에서 다양한 센서 및 모듈 간의 상호 작용과 다양한 객체와 관계를 모두 나열하고 검증 시나리오로 만들어 내고 검증하는 것은 사실상 불가능 할지도 모르겠다. 대표 검증 모드로 많은 시험 시나리오는 포함할 수 있는 최적화 검증 기법 역시 추가 도입되어야 할 것이다.

SIL, EIL, HIL, VIL 검증 및 실차 검증이 가능하기 위해서는 다양한 시험 인프라, 시험장(Proving Ground)과 자율주행자동차가 도로 환경에서 주행할 수 있는 정책, 입법, 보험 및 교통 인프라가 동시에 구축되어야 가능할 것이다.

참고문헌

[1] Jürgen Rataj, "Simulation and Field Operational Tests", 3rd International Workshop on Vehicle Communication, 2007.

[2] Vitor Peixoto Menezes and Cesar Pozzer, "Development of an Autonomous Vehicle Controller for Simulation Environments", 2018 17th Brazilian Symposium on Computer Games and Digital Entertainment, 2018.

[3] V-Model, Wikipedia, the free encyclopedia, https://en.wikipedia.org/wiki/V-Model

[4] Husain Kanchwala and Jasvir Singh Dhillon, "A real-time hardware-in-the-loop vehicle simulator", 2020 IEEE 18th International Conference on Industrial Informatics (INDIN), 2020.

[5] Karina Meneses Cime, Mustafa Ridvan Cantas, Garrett Dowd, Levent Guvenc and Bilin Aksun Guvenc, "Hardware-in-the-Loop, Traffic-in-the-Loop and Software-in-the-Loop Autonomous Vehicle Simulation for Mobility Studies", WCX SAE World Congress Experience, 2020.

[6] Shuguang Li, Zhonglin Luo, Wenbo Wei, Yang Zhao and Jierui Hu, "Vehicle-in-the-Loop Intelligent Connected Vehicle Simulation System Based on Vehicle-Road-Cloud Collaboration", The 25th IEEE International Conference on Intelligent Transportation Systems, 2022.

[7] Inaki Sainz, Benat Arteta, Alvaro Coupeau and Pablo Prieto, "X-in-the-Loop Simulation Environment for Electric Vehicles ECUs", 2021 IEEE Vehicle Power and Propulsion Conference (VPPC), 2021.

[8] 정승환 외, "실도로 주행 조건 기반의 자율주행자동차 고위험도 평가 시나리오 개발 및 검증에 관한 연구", 자동차안전학회지 제10권 제4호, 2018.

자율주행자동차공학

초 판 발 행 | 2023년 1월 10일
제2판1쇄발행 | 2024년 9월 1일

저 자 | 정승환
발 행 인 | 김길현
발 행 처 | (주) 골든벨
등 록 | 제 1987-000018호
I S B N | 979-11-5806-602-4
정 가 | 23,000원

표지 및 디자인 | 조경미 · 박은경 · 권정숙
웹매니지먼트 | 안재명 · 양대모 · 김경희
공급관리 | 오민석 · 정복순 · 김봉식
제작 진행 | 최병석
오프 마케팅 | 우병춘 · 이대권 · 이강연
회계관리 | 김경아

(우)04316 서울특별시 용산구 원효로 245(원효로 1가 53-1) 골든벨 빌딩 5~6F
• TEL : 도서 주문 및 발송 02-713-4135 / 회계 경리 02-713-4137
편집·디자인 02-713-7452 / 해외 오퍼 및 광고 02-713-7453
• FAX : 02-718-5510 • http : //www.gbbook.co.kr • E-mail : 7134135@naver.com